L'HOMME PEUT-IL S'ADAPTER À LUI-MÊME ?

Jean-François Toussaint, Bernard Swynghedauw et Gilles Boeuf, coord.

Préface de Robert Barbault

Marges d'adaptaton de l'espèce humaine face aux changements environnementaux

D'une manière paradoxale (...) le problème le plus
urgent (...) est la protection de notre espèce contre
elle-même : pollutions de l'air, de l'eau, des sols,
appauvrissement des sols, surexploitation des mers (...)
et la sauvegarde de la nature sera assurée
en même temps...

Jean Dorst, 1965. *Avant que Nature meure*

Cet ouvrage a été réalisé à la suite du colloque organisé
au Muséum national d'histoire naturelle à Paris
les 29 et 30 Octobre 2010. Il vise à dresser un bilan aussi
précis que possible des règles qui nous gouvernent
et de nos nouvelles contraintes face aux évolutions multiples,
présentes et à venir. Les contributeurs à l'ouvrage et les
participants au colloque espèrent que leur démarche permettra
de proposer des pistes de réflexion et, peut-être, d'élaborer
certaines trajectoires de viabilité.
Les vidéos des présentations de ce colloque sont accessibles
sur le site www.canal-insep.fr à la rubrique
« Conférence L'homme peut-il s'adapter à lui-même ? »

REMERCIEMENTS

Les auteurs de cet ouvrage remercient les institutions suivantes
pour leur soutien : le Muséum national d'histoire naturelle, l'IRMES
(Institut de recherche biomédicale et d'épidémiologie du sport),
l'université Paris Descartes, la Fondation Veolia Environnement,
le Groupe Malakoff Médéric, la Fondation SwissLife, le Haut Conseil
de la santé publique, l'Hôtel-Dieu (Assistance Publique - Hôpitaux
de Paris), l'Insep (Institut national du sport, de l'expertise et
de la performance, l'Inserm (Institut national de la santé et
de la recherche médicale), les ministères de la Santé, des Sports,
de l'Enseignement supérieur et de la recherche.

Éditions Quæ
RD 10
78026 Versailles cedex
www.quae.com

© Éditions Quæ
ISBN 978-2-7592-1860-8

COORDINATEURS DE L'OUVRAGE

Toussaint Jean-François
Professeur de physiologie à l'université
Paris Descartes, directeur de l'Institut de
recherche biomédicale et d'épidémiologie
du sport (Irmes) et président du Groupe
adaptation et prospective du Haut Conseil
de la Santé publique (GAP).
INSEP, 11 avenue du Tremblay, 75012 Paris.
jean-francois.toussaint@htd.aphp.fr

Swynghedauw Bernard
Directeur de recherches émérite à l'Inserm
et professeur à l'université Paris Diderot,
membre correspondant de l'Académie
nationale de médecine.
Hôpital Lariboisière, 41 Boulevard de
la Chapelle, 75475 Paris Cedex.
bernard.swynghedauw@inserm.fr

Boeuf Gilles
Président du Muséum national d'histoire
naturelle, professeur à l'université Pierre
et Marie Curie, unité Biologie intégrative
des organismes marins.
Observatoire océanologique de Banyuls-
sur-mer, 66650 Banyuls-sur-mer.
boeuf@mnhn.fr

CONTRIBUTEURS

Jean-Claude Ameisen
Président du Comité d'éthique, Inserm.
ameisen@wanadoo.fr

Bernard Chevassus-au-Louis
Inspecteur général de l'agriculture,
ancien président du Muséum national
d'histoire naturelle.
Inra, Génétique aquaculture, Jouy-en-Josas.
bernard.chevassus@jouy.inra.fr

Philippe Cury
Directeur du Centre de recherche
halieutique méditerranéenne
et tropicale, IRD.
Avenue Jean Monnet, BP 171,
34203 Sète Cedex, France.
philippe.cury@ird.fr

Jacques Delors
Président de la Commission européenne
de 1985 à 1994.

Hervé Domenach
Directeur de recherches IRD, professeur
d'analyse démo-spatiale, économiste,
démographe, professeur à l'université
Paul Cézanne, Institut d'urbanisme
et d'aménagement régional (IUAR),
Aix-en-Provence.
domenachhh@wanadoo.fr

Jean-Pierre Dupuy
Professeur de philosophie sociale et politique
à l'École Polytechnique de Paris, professeur
à l'université Stanford, *Center for the Study
of Language and Information*, membre de
l'Académie des technologies.
Stanford University. Californie. CA 94305-4115.
jpdupuy@stanford.edu

Christian Frelin
Directeur de recherches au CNRS,
université de Nice Sophia Antipolis.
Parc Valrose, Nice.
cfrelin@unice.fr

Pierre-Henri Gouyon
Professeur au Muséum national d'histoire
naturelle, laboratoire Origine, structure
et évolution de la biodiversité.
gouyon@mnhn.fr

Marion Guillou
Présidente du conseil d'administration
de l'École polytechnique et ancienne
présidente et directrice générale de l'Institut
national de la recherche agronomique.
marion.guillou@paris.inra.fr

Évelyne Heyer
Professeur d'anthropologie génétique
au Muséum national d'histoire naturelle,
directrice adjointe du département
Hommes, Natures, Sociétés, unité mixte
de recherche Éco-anthropologie.
heyer@mnhn.fr

Claudine Junien
Professeur des universités, université
de Versailles Saint-Quentin-en-Yvelines,
génétique, unité mixte de recherche

Biologie du développement et reproduction,
Inra Jouy-en-Josas et Enva Maisons-Alfort.
claudine-junien@jouy.inra.fr

Dominique Lestel
Maître de conférences à l'École normale
supérieure, laboratoire Écoanthropologie
et ethnobiologie, Muséum national d'histoire
naturelle.

Hervé Le Treut
Professeur des universités, université
Pierre et Marie Curie et École polytechnique,
climatologie, directeur de l'Institut Pierre
Simon Laplace et de l'École doctorale
des sciences de l'environnement d'Ile
de France.
letreut@ipsl.jussieu.fr

Guillaume Lecointre
Professeur au Muséum national d'histoire
naturelle, directeur du département
Systématique et Évolution, chef d'équipe
dans l'unité mixte de recherche
Systématique, adaptation, évolution.
lecointre@mnhn.fr

Joël Ménard
Professeur de médecine, université
Paris Descartes, ancien Directeur général
de la santé.
joel.menard@crc.jussieu.fr

Jean-François Minster
Directeur scientifique, Total SA.
2, Place Jean Millier. Paris La Défense Cedex.
jean-francois.minster@total.com

Michel Morange
Directeur du Centre Cavaillès, École normale
supérieure, Professeur de biologie.
michel.morange@ens.fr

Lionel Naccache
Professeur des universités et praticien
hospitalier au CHU La Pitié-Salpétrière,
professeur de neurophysiologie, université
Pierre et Marie Curie.
lionel.naccache@gmail.com

Daniel Nahon
Professeur de géosciences, université
Paul Cézanne, Aix-en-Provence.
nahon@cerege.fr

Pascal Picq
Paléanthropologue, maître de conférences
au Collège de France.
www.pascalpicq.fr

Lluis Quintana-Murci
Professeur des universités, unité de
recherches *Human evolutionary genetics*,
CNRS et Institut Pasteur.
25 rue du Dr. Roux. 75724 Paris Cedex 15
quintana@pasteur.fr

Sylvaine Turck-Chièze
Directrice de recherches au Commissariat
à l'énergie atomique (CEA) en sismologie
stellaire, Institut de recherche des lois
fondamentales de l'univers. Saclay.
Gif-sur-Yvette.
turck@discovery.saclay.cea.fr

Cédric Villani
Professeur à l'université Claude Bernard
Lyon I, directeur de l'Institut Henri Poincaré,
médaille Fields de mathématiques 2010.
villani@ihp.jussieu.fr

Jacques Weber
Économiste et anthropologue, ancien
directeur de l'Institut français de la
biodiversité, directeur de recherches
au Cirad, enseignant à l'École des hautes
études en sciences sociales.
jacques.weber@cirad.fr

AUTRE CONTRIBUTION

Albert Fert
Membre de l'Académie des sciences,
co-lauréat, avec Peter Grünberg,
du prix Nobel de physique de 2007
pour la découverte de la magnétorésistance
géante.

Sommaire

3. DES ESQUISSES DE SOLUTIONS

Préface

Changements climatiques préoccupants, effondrement des écosystèmes, érosion de la biodiversité sur fond de crise économique et sociale… On ne compte plus les livres, conférences et autres sommets planétaires qui s'y consacrent.

Un livre de plus pour déplorer ce déchirement de notre monde ? Pas tout à fait : un nouveau regard ; des interrogations multiples et complémentaires de spécialistes issus d'un large champ de disciplines, de la génétique à la philosophie, des géosciences aux mathématiques, de l'écologie à la médecine, de la démographie à… la sismologie stellaire, sur notre espèce appréhendée dans sa pleine dimension biologique, sociale et planétaire. Une espèce enracinée dans son appartenance au vivant (près de 4 milliards d'années d'expérience !), emportée dans le flot d'une évolution qui se poursuit. Une espèce capable, comme et peut-être plus que les autres, de réaction et d'adaptation. Comment ne pas songer ici à ce passage de l'Almanach d'un Comté des Sables d'Aldo Leopold (1949) : « Un siècle a passé depuis que Darwin nous livra les premières lueurs sur l'origine des espèces. Nous savons à présent ce qu'ignoraient avant nous toute la caravane des générations : que l'homme n'est qu'un compagnon voyageur des autres espèces dans l'odyssée de l'évolution. »

C'est avec un regard aiguisé par la révolution darwinienne, sur la base des connaissances les plus récentes, qu'une vingtaine de spécialistes s'interrogent sur nos capacités à faire face aux transformations que nous provoquons autour de nous, mais aussi en nous. En soulignant que ces actions de transformation sont le propre de tout être vivant. Vivre, c'est interagir ; interagir c'est changer. De fait, il n'y a pas de vie sans changements, sans évolution, sans capacité d'adaptation. Pourquoi *Homo sapiens* échapperait-il à cette règle ?

Oui, nous transformons le monde dans lequel nous nous développons, grâce auquel nous vivons – et c'est ce qui nous fait ce que nous sommes. C'est aussi ce que fait le termite, le castor ou l'éléphant, chacun à sa façon, à sa mesure. Cependant, depuis le Néolithique, emportés par les succès de la révolution industrielle, notre puissance de transformation du monde a pris des proportions qui changent la perspective. Au point que d'aucuns, à la suite du géochimiste Paul Crutzen, aient jugé pertinent d'y voir l'ouverture d'une nouvelle ère dans l'histoire de la Terre, « l'Anthropocène ». Que l'on accepte ou non cette proposition, on est bien là en présence, avec ce primate saisi par l'hubris, d'un changement radical de statut, commencé il y a quelques trois siècles : l'aventure de la vie sur Terre, et d'abord celle de l'humanité, sont de plus en plus entre nos mains. Il faudrait tout de même que la « tête » soit à la hauteur des défis qui se profilent, que notre capacité d'anticipation s'exprime pleinement.

Après quelques lanceurs d'alerte peu écoutés – ne serait-ce que George P. Marsh (*Man and Nature*, 1864), Fairfield Osborn (*La planète au pillage*, 1946) ou Jean Dorst (*Avant que nature meure*, 1965) – des Sommets planétaires se succèdent depuis Stockholm (1972) jusqu'au tout récent et décevant « Rio + 20 » (2012) pour faire face à ce défi devenu explicite : sauvegarder les meilleures conditions possibles de notre évolution sur la Terre, au sein d'une biosphère durable.

C'est, peut-être, la grande exploration dont nous avons le plus besoin, pour bien préparer le XXIIe siècle !

Ce livre est un pas en ce sens.

Robert Barbault

Professeur à l'université Pierre et Marie Curie, directeur du département Écologie et gestion de la biodiversité au Muséum national d'histoire naturelle.

Introduction

De tout temps, l'homme a voulu modifier l'environnement à son profit. Ces changements anthropogéniques ont eu des conséquences majeures. Certaines ont été bénéfiques, au moins pour le genre humain. Les grandes famines sont plus rares, les maladies infectieuses semblent contrôlées, la durée et la qualité de vie moyenne des hommes, et des animaux qui en dépendent, ont augmenté de façon spectaculaire. Néanmoins, l'activité humaine a aussi des conséquences délétères dont nous commencons à mesurer l'extraordinaire portée : réchauffement climatique, augmentation des événements extrêmes (tempêtes, précipitations violentes ou sécheresses prolongées[1]), réduction drastique de la biodiversité, apparition de nouvelles maladies, en particulier liées au grand âge, déplacements de populations, accroissement des combustions fossiles, déforestation, surpêche, pollution, acidification et élévation du niveau de la mer. Au final et du fait de l'augmentation continue de la population mondiale, nous atteignons progressivement les limites des capacités de notre planète à nourrir et approvisionner en énergie sa « principale » espèce [1].

L'amplitude des changements comme la possibilité de les mesurer et de les modéliser à l'échelle planétaire posent de nouvelles questions. Nos capacités d'adaptation font débat et, en l'absence de données sur ce thème, une synthèse des connaissances et des interrogations n'a pas encore été réalisée.

Cet ouvrage propose de situer les bénéfices acquis du développement humain récent, autant que ses effets secondaires, sur l'échelle des indicateurs de santé et celle de l'évolution des milieux afin d'établir les bases scientifiques de nos marges d'adaptation. Il s'efforcera d'inventorier nos réserves physiologiques, génomiques ou culturelles afin de mieux définir de nouvelles perspectives en matière de recherche ou de politique publique. Les auteurs ont souhaité établir un lien entre les sciences de la nature, les sciences fondamentales et les sciences de l'homme et de la société afin de dresser un bilan de la situation et proposer des mesures durables d'aménagement.

L'adaptation de l'homme à un environnement qu'il a contribué à transformer est une question qui se pose depuis longtemps. Mais l'activité humaine est désormais devenue le principal moteur de l'évolution sur la planète, ce qui a permis à Paul Crutzen de populariser le terme d'ère « anthropocène » [2] pour qualifier la période dans laquelle nous vivons.

---

1. Comme cela a été souligné dans le pré-rapport 2011 du GIEC [*First Joint Session of Working Groups I and II IPCC SREX Summary for Policymakers*].

Urgences

Comme dans les années trente, de nombreux signaux d'alerte ont été récemment émis [3] : la crise bancaire, les émeutes de la faim, l'inefficacité des réunions internationales sur le réchauffement climatique, l'érosion accélérée de la biodiversité. La communauté scientifique s'implique directement dans l'analyse et l'explication de ces crises, dues aux changements des déterminants climatiques ou à l'épuisement des ressources planétaires. La science contemporaine s'est dotée d'outils incomparables : l'observation spatiale, la biologie moléculaire ou le séquençage du génome fournissent des visions globalisées irremplaçables même si elles aboutissent à mesurer un peu mieux chaque jour notre « enfermement planétaire » [1]. Plusieurs grands journaux scientifiques, les rapports du Groupement intergouvernemental d'experts sur les évolutions du climat (GIEC), de nombreuses interventions des prix Nobel sont autant de témoignages. Il appartient aux scientifiques du XXIe siècle de sonner l'alerte de toutes les manières possibles.

Fondamentalement, l'alarme n'est pas de nature différente de celle des années trente. Si l'adversaire reste toujours la cupidité et les profits immédiats, la solution réside sans doute encore dans le dialogue, l'éducation, l'apologie de la tolérance[2], tandis que les pseudo-spécialistes « venus de tous les horizons, attirés par l'éclat médiatique, la recherche d'une notoriété douteuse et les délices de la polémique » [4] porteront la responsabilité d'avoir instillé le doute, à grand renfort d'arguments mensongers, de courbes simplifiées et de statistiques tronquées [5].

Mais les champs de bataille ont changé, profondément, et la nouveauté c'est que nous sommes la principale cause de ce changement. Il ne s'agit ni de fatalité, ni de doigt vengeur. Les hommes, seuls, façonnés par 3,8 milliards d'années d'une lente évolution, où la sélection naturelle trie progressivement les options de la stochastique [6], ont modifié leur propre environnement.

Ce monde, l'homme l'a rendu nettement plus vivable pour lui-même en y augmentant son espérance de vie et en facilitant ses accès au garde-manger, à la fontaine municipale, au médecin de famille, à la pompe à essence, au train de 9 heures ou à ses redoutables e-mails. Ce faisant il a, d'un même geste, multiplié par cent sa facture énergétique comme sa production de carbone et de polluants, pillé les ressources halieutiques, érodé les terres arables, homogénéisé le vivant et, peut-être, mangé son pain blanc.

Certes tout n'est pas joué, mais il y a bien urgence !

---

2. « C'est précisément parce que ce sont les médiocres qui disposent de l'instrument que l'espoir régulièrement exprimé que les chefs d'état qui possèdent les bombes seront automatiquement intimidés par la grandeur de la menace qu'ils tiennent entre leurs mains est absolument infondé ». La phrase de Gunther Anders s'applique, malheureusement, autant à la menace nucléaire qu'à la menace climatique.

Les régulations qui animent le monde

Les contraintes économiques, climatiques ou sanitaires ne cessent de croître et, face à elles, notre premier intérêt consiste à reconnaître nos capacités d'adaptation alors que nous atteignons simultanément tous nos sommets. Il semble en effet que la recherche constante d'optimisation et l'évolution séculaire de nos capacités d'espèce n'aient fait que nous conduire aujourd'hui à nos maxima. Ces limites peuvent être mesurées de plus en plus précisément sur de nombreux indicateurs (vitesses de déplacement, taille et poids, qualité et espérance de vie) auxquels il faut inclure notre expansion démographique, le vieillissement de nos sociétés et celui des structures qui les soutiennent.

Avant d'en estimer la réalité, il convient de rappeler d'abord quelques unes des régulations qui animent ce monde : les lois de la complexité, celles de l'auto-organisation, voire, plus étonnantes, celles d'une possible auto-création, le rôle de l'évolution et celui de l'adaptation du vivant de la sélection naturelle, de l'épigénétique et de la variabilité spatio-temporelle du génome, la place des coévolutions culturelles et biologiques. Toutes ces régulations du monde vivant doivent être identifiées pour mieux comprendre la plasticité phénotypique et neuronale, y compris dans ses implications physio-pathologiques [7-19].

De nouvelles contraintes

Il convient aussi de tenir compte de la vitesse à laquelle se produisent les perturbations qui modifient nos cadres physiques et biologiques : le changement climatique, l'altération des systèmes agricoles à mesure que s'épuise la terre arable, la réduction des accès à l'eau et l'effondrement des biodiversités terrestres et marines. Nous devenons ainsi de plus en plus conscients de nos dépendances énergétiques[3], biologiques ou sociétales[4] [20-23].

Avec les secousses toujours plus puissantes qui ébranlent désormais l'économie et les reculs majeurs enregistrés dans de nombreux domaines techniques ou environnementaux, peut-être faut-il également tester l'hypothèse que les fluctuations de nos sociétés humaines soient, elles aussi, soumises aux règles communes. Car les lois universelles qui régulent la physique de la matière, le métabolisme cellulaire (homéostasie), la physiologie des individus, les interactions entre espèces et leur évolution dans le temps (homéorhesis), s'appliquent à l'humain comme à l'ensemble des familles du règne végétal ou animal.

Les successions d'événements tels que les records du monde, les cours de la bourse, les secousses telluriques ou les conflits humains [24], répondent étonnamment à d'identiques lois de puissance ou lois scalantes – très peu

---

3. Réserves mondiales d'hydrocarbures. Rapport de l'Agence internationale de l'énergie, 2011.
4. Helen Clark, Rapport annuel sur le développement humain, PNUD, 2 novembre 2011.

d'événements de grande ampleur, énormément de micro-changements. Leurs cycles sont pulsatiles, circadiens ou saisonniers, et leurs lois de croissance sont asymptotiques. L'ensemble s'inscrit dans les principes de complexité qui gouvernent les réponses entropiques des systèmes, auxquelles la multiplicité des interactions accorde un caractère d'irréversibilité et d'imprédictibilité [8]. Les grandes séries d'événements relèvent alors de propriétés émergentes, que le temps organise en tendances.

Dans l'interprétation de leurs causes, y compris sous-jacentes, et de leurs régulations, l'analyse complète, d'ordre épidémiologique, aboutit désormais au constat d'un paysage particulièrement contraint au sein duquel se débat notre humanité.

Ces seuils successivement franchis et ces retournements d'équilibres suggèrent que la science nous mène à l'une de ses plus grandes impasses : barrière non pas d'observation, ni de compréhension mais de maîtrise et d'action[5]. Car c'est à une somme de connaissances, inégalée dans l'histoire, que conduit l'extraordinaire déploiement technologique des réseaux [25]. En facilitant le transfert instantané d'informations, Internet a façonné de nouveaux modes d'échanges mais non leurs trames ni le mode opératoire qui les animent [26]. Et, chaque jour, la somme considérable de ces savoirs renforce un peu plus la démonstration des contraintes inexorables auxquelles nous tentons d'échapper. À ce degré de paradoxe et de vulnérabilité, la première conjecture est que nous ne sachions plus maintenir encore longtemps la fiabilité de nos capteurs, la fidélité de nos circuits, ni la portée de ce savoir.

Alors, nous oublierons.

D'autant que les conclusions auxquelles nous parvenons depuis peu pourraient bien dépasser nos capacités d'acceptation [4].

Il nous faudra donc d'abord confirmer ce constat, puis surtout convaincre. Faute de quoi, l'ampleur des changements annoncés attisera le refus avant de nourrir la colère [27]. Il nous faudra aussi lutter contre le déni. Car si nous touchons effectivement tous nos plafonds, cette situation ne sera pas supportable : pour se développer et croire en lui-même, l'esprit humain ne peut que se nourrir d'espérance. Il donne alors naissance aux plus belles utopies, et toutes leurs variantes improbables[6].

Garderons-nous la capacité d'agir autrement que dans l'illusion du verbe ?

Ne vaudrait-il pas mieux estimer dès maintenant les domaines où les progrès sont encore possibles et s'efforcer, pour les autres, de modérer notre soif de dépassement ?

C'est à cette quête, renouvelée, que vous invitent ces écrits.

---

5. Jacques Delors. Contraintes et agendas politiques, troisième partie de ce livre.
6. À ce jour, la convergence espérée entre les nanotechnologies, les biotechnologies, l'informatique et les sciences de la cognition (NBIC) ou l'utopie chimérique d'une humanité génétiquement modifiée (HGM), bricolée dans le déni de l'émergence et des lois de la complexité, sont dans l'air du temps. Mais tout est à construire et personne n'a les plans...

RÉFÉRENCES BIBLIOGRAPHIQUES

(1) Lebeau A., 2008. *L'enfermement planétaire*. Gallimard, Folio actuel.

(2) Crutzen P.J., 2002. Geology of mankind. *Nature*, 415 : 23.

(3) Anders G., 2006. *La menace nucléaire. Considérations radicales sur l'âge atomique*. Éditions du Rocher-Le Serpent à plumes.

(4) Lebeau A., 2011. *Les horizons terrestres*. Gallimard, Le débat.

(5) Huet S., 2010. *L'imposteur, c'est lui*. Stock.

(6) Jacques Monod, 1970. *Le hasard et la nécessité. Essai sur la philosophie naturelle de la biologie moderne*. Seuil.

(7) René Descartes, 1637. *Discours de la méthode*. Flammarion (édition 2000).

(8) McShea D, Brandon R., 2010. Biology's First Law: The tendency for diversity and complexity to increase in evolutionary systems. University of Chicago Press.

(9) Dupuy J.-P., 2008. *La marque du sacré*. Flammarion, Champs essais.

(10) Hawking S., 2011. *Y a-t-il un grand architecte dans l'univers*. Odile Jacob.

(11) Lecointre G., 2009. *Guide critique de l'évolution*. Belin.

(12) Morange M., 2010. *La vie expliquée*. Odile Jacob.

(13) Gouyon P.-H., 2009. *Aux origines de la sexualité*. Fayard.

(14) Junien C., 2006. Impact of diets and nutrients or drugs on early epigenetic programming. J. *Inherit. Metab. Dis.*, 29 : 359.

(15) Barreiro L., Quintana-Murci L., 2010. From evolutionary genetics to human immunology : how selection shapes host defence genes. *Nat. Rev. Genet.*, 11 : 17.

(16) Heyer E. *et al.*, 2005. Cultural transmission of fitness: genes take the fast lane. *Trends Genet.*, 21 : 234.

(17) Frelin C., Swynghedauw B., 2011. *Biologie de l'évolution et médecine*. Lavoisier.

(18) Naccache L., 2010. *Perdons-nous connaissance ?* Odile Jacob.

(19) Swynghedauw B., 2009. *Quand le gène est en conflit avec son environnement. Une introduction à la médecine évolutionniste*. De Boeck.

(20) Le Treut H., 2010. *Changement climatique. Les savoirs et les possibles*. La Ville Brûle éditions.

(21) Nahon D., 2008. *L'épuisement de la terre*. Odile Jacob.

(22) Boeuf G., 2010. *Quelle Terre laisserons-nous à nos enfants*, Fayard.

(23) Cury P., 2008. *Une mer sans poisson*. Calmann-Lévy.

(24) Bohorquez J.C., 2009. Common ecology quantifies human insurgency, *Nature*, 462 : 911.

(25) Berry G., 2009. *Pourquoi et comment le monde devient numérique*. Fayard.

(26) R. Dean Malmgren., 2009. On universality in human correspondence activity. *Science*, 32 : 1696.

(27) Sloterdijk P., 2006. *Colère et Temps*. Hachette Littératures.

1.

DES CAPACITÉS
D'ADAPTATION LIMITÉES ?

S'adapter, s'adapter vite, par tous les moyens

Bernard Swynghedauw*

*Directeur de recherches émérite à l'Inserm et professeur à l'université Paris Diderot, membre correspondant de l'Académie nationale de médecine.

Il y a dans la définition même de l'adaptation biologique une différence fondamentale lorsqu'un médecin ou un biologiste aborde le sujet.

Par habitude, le médecin connait d'abord la personne, son patient et, par habitude aussi bien que par vocation, il répète ses « expériences » chaque fois qu'il rencontre un malade. Il ne tient compte de la population que dans un second temps, par exemple pour appliquer tel traitement sur la base d'essais cliniques ou pour porter le diagnostic d'une maladie sur la base de l'intuition d'un précurseur, confirmé par des données statistiques.

Le biologiste de l'évolution ne peut aborder l'adaptation que sur des populations, « l'évolution biologique est un phénomène populationnel » [2, 3] et il est impossible d'étudier l'évolution sérieusement sur des échantillons uniques d'espèces vivantes.

Le médecin ne peut tenir compte que d'un trait clinique à la fois : l'insuffisance cardiaque traduit les limites de l'adaptation du myocarde à une surcharge de pression [4], les complications rénales d'une maladie infectieuse traduisent les limites du processus inflammatoire en tant que phénomène d'adaptation à l'invasion de bactéries pathogènes. Il faudra bien se focaliser sur le myocarde ou sur la fonction rénale si l'on veut traiter son patient. Peu importe le contexte historique dans lequel cette maladaptation se situe.

En revanche, le biologiste ne se sent concerné que par l'adaptation d'une espèce à un environnement complexe. L'adaptation concerne alors un ensemble de traits qu'il convient d'identifier, elle ne peut pas se limiter à une fonction. Par ailleurs, le contexte historique est capital, importe en effet la manière dont cet ensemble adapté est transmis. À coté de l'urgence, la descendance n'est que rarement un souci majeur pour le médecin.

Il existe un autre obstacle aux échanges entre ces deux disciplines, le langage, ou plutôt le jargon. Il est vrai que les biologistes de l'évolution abusent un peu des -ismes ou des -omiques, la liste est longue. Le médecin, par tradition, les évitent. Inversement, conscient de son utilité sociale qui est à la base du « pouvoir médical », il a une forte tendance à ne penser qu'utile et à faire abstraction des aspects plus conceptuels, voire de les mépriser.

L'adaptation, c'est l'appropriation par un organisme des conditions internes ou externes de l'existence, c'est-à-dire du milieu, qui permettent à l'organisme de durer et de se reproduire. On ne peut pas vraiment dire qu'il y ait plusieurs sens à ce mot « adaptation », simplement il n'est pas toujours utilisé dans le même contexte. Aussi bien en biologie qu'en médecine, c'est un mot qui ne peut être utilisé de façon isolée. Pour le biologiste et le médecin l'une des caractéristiques essentielles de l'adaptation tient à ses limites et à son imperfection. Ce qui est adaptatif à une époque donnée peut ne plus l'être 20 ou 20 000 ans plus tard. Le problème essentiel tient ici à la constante de temps, le million d'année est l'unité de base du biologiste de l'évolution, la seconde est l'unité du physiologiste du sport, l'unité familière au médecin serait plutôt l'heure ou le mois.

Ainsi, les capacités adaptatives de tout être vivant doivent être considérées en fonction du temps demandé pour leur mise en jeu, de leur mode de régulation et de leur mode de transmission.

Les quatre échelles de temps de l'adaptation

La seconde

La consommation d'oxygène augmente dans les secondes qui suivent la mise en jeu d'un exercice physique. Le stress libère quasi instantanément les hormones de stress. C'est le niveau de la physiologie classique, c'est celui des récepteurs. Ce mode d'adaptation ne modifie pas l'expression du génome, et les changements produits ne sont évidemment pas transmissibles.

Les heures

Il faut quelques heures avant que n'apparaissent les premiers signes indiquant qu'un muscle grossit en réponse à un exercice musculaire soutenu, cette croissance met en jeu l'expression génique et la plasticité d'un organe en réponse à un stimulus interne. Physiologiquement, elle fait souvent suite à la précédente, l'hypertrophie musculaire engendrée par l'effort devient apparente au bout de quelques jours, mais il est possible de montrer que l'activation de la synthèse protéique survient en quelques minutes [6].

Le mois

La couleur des ailes de certains papillons varie selon la température extérieure ou la luminosité, cela s'appelle la plasticité phénotypique. Sa mise en jeu demande un certain temps souvent de l'ordre du mois, mais elle n'est pas héréditaire et le type de réaction varie selon l'espèce. La relation qui unit le phénotype à l'environnement s'appelle norme de réaction. Les normes de réaction varient en fonction du génotype au point que l'on a pu qualifier le génotype comme étant la manière dont tout un chacun réagit à l'environnement. La finalité adaptative existe, mais elle est souvent loin d'être évidente [1].

Le ou les mois

Les mécanismes épigénétiques sont de nature différente. On ne peut les considérer comme adaptatifs, et physiologiquement parlant, ils sont surtout essentiels au développement embryonnaire et à la différenciation. Leur mise en jeu demande des mois et implique des mécanismes post-transcriptionels comme la méthylation de l'ADN ou l'acétylation des histones. Ils semblent également impliqués en cancérogenèse et dans la physiopathologie des maladies cardiovasculaires. La transmission des empreintes ainsi créées existe, pourrait bien jouer un rôle pathogène, mais elle semble limitée à quelques générations [5].

Le million d'année

Dans l'évolution darwinienne la diversité précède la sélection. La diversité est due aux mutations d'origines diverses survenant au hasard, elle précède la sélection et la spéciation dues soit à la pression sélective darwinienne soit au hasard. La constante de temps est ici le million d'années, il faut en effet tout ce temps pour qu'une mutation fonctionnelle soit sélectionnée [2, 3].

Il existe, bien évidemment, entre ces différents modes d'adaptation d'innombrables passerelles et il est bien clair que ce classement n'a de vertus que pédagogiques.

L'homme peut-il s'adapter à lui-même, l'homme peut-il s'adapter aux conséquences de son activité débordante ? La réponse est évidemment pour l'instant oui, puisqu'*Homo sapiens* existe toujours en tant qu'espèce bien que son environnement ait changé de façon considérable du fait même de son activité.

Mais si la réponse est oui, c'est qu'il existe des mécanismes qui permettent cette adaptation. Ce sont ces mécanismes qui sont analysés par les différents auteurs de la première partie de cet ouvrage.

RÉFÉRENCES BIBLIOGRAPHIQUES

(1) DeWitt T.J., Schneider S.M. eds., 2004. *Phenotypic plasticity*. Oxford University Press.

(2) Heams T.P., Huneman P., Lecointre G. *et. al.*, 2009. *Les mondes darwiniens. L'évolution dans l'évolution*. Syllepse éd.

(3) Lecointre G. (dir.), 2009. *Guide critique de l'évolution*. Belin.

(4) Lompré A.-M., Schwartz K., d'Albis A. *et al.*, 1979. Myosin isoenzyme redistribution in chronic heart overloading. *Nature*, 282 : 105-107.

(5) MacMillen C., Robinson J.S., 2005. Developmental origins of the metabolic syndrome prediction, plasticity, and reprogramming. *Physiol. Rev.*, 85 : 571-633.

(6) Swynghedauw B., 1999. Molecular mechanisms of myocardial remodeling. *Physiol. Rev.*, 79 : 215-262.

Une limite aux évolutions de l'homme ?

Jean-François Toussaint*

Benoit Mandelbrot (1924-2010) nous a montré comment l'univers est devenu un objet d'interprétation mathématique dont le chaos, malgré tous nos efforts, nous échappe [9]. Il a aussi démontré comment la complexité du monde s'organise autour de schémas similaires, de motifs identiques à tous les degrés de l'espace et du temps, et qui nous définissent comme des êtres fractals, de dimension incertaine, soumis à des lois étranges qu'il qualifiait de « hasard sauvage », respectant pourtant quelques principes simples. Ce chapitre ne portera que sur l'un de ces principes de nature fractale : les rapports entre les phénotypes[7] humains, l'énergie et le temps.

Les changements de nos états répondent à des perturbations qui se font par paliers successifs exponentiels. Ainsi, la fréquence cardiaque au cours d'une épreuve d'effort s'élève régulièrement pour chaque niveau requis. De même, bien qu'à une toute autre échelle, le record du tour du monde à la voile progresse par paliers, la vitesse moyenne s'élevant de 4 à 18 nœuds à mesure de l'introduction de nouveaux prototypes (monocoques, multicoques) et de la taille des bateaux (40 mètres pour le trimaran de Loïc Peyron en 2012, 9 m 50 pour le Suhaili de Robin Knox Johnson en 1968) (figure 1).

*Professeur de physiologie à l'université Paris Descartes, directeur de l'Institut de recherche biomédicale et d'épidémiologie du sport (Irmes) et président du Groupe adaptation et prospective du Haut Conseil de la Santé publique (GAP).

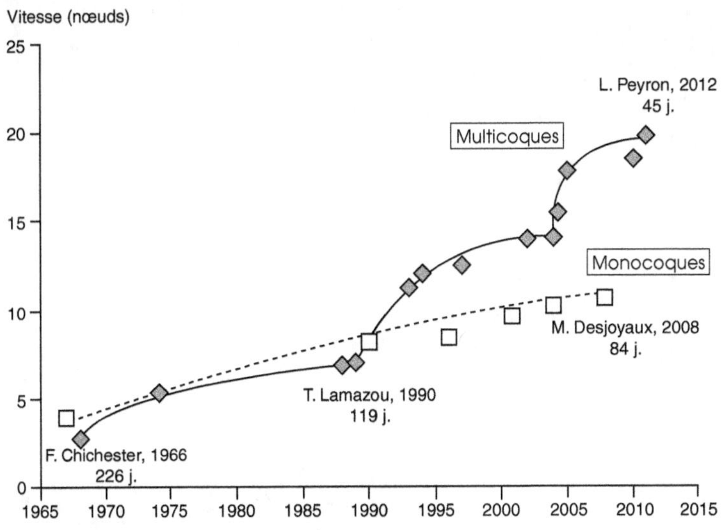

Figure 1
Records des tours du monde à la voile de 1965 à 2010
On observe une élévation par paliers du record du tour du monde à la voile, en fonction des développements technologiques et de l'accroissement de la taille des bateaux (Source : Irmes).

---

7. Le phénotype est l'ensemble des caractères observables d'un individu.

L'interrogation sur les capacités d'adaptation humaine demande l'établissement d'un premier constat : notre progression commence à ralentir nettement et les conditions de notre croissance semblent s'évanouir alors que nous restons dépendants de facteurs environnementaux qui nous obligent plus que jamais. Les signes de cet accroissement des contraintes sont patents autour de nous. Par ailleurs, notre cerveau échafaude d'incessantes constructions dont les modèles permettent de bâtir plusieurs scénarios pour l'avenir et de poser quelques questions. Certaines tentatives d'adaptation du vivant réussissent, beaucoup échouent et nous serons sans doute les derniers à nous rendre compte qu'il nous faut désormais réaliser un grand travail d'anticipation.

L'observation des performances humaines montre que l'évolution des records suit une fonction multi-exponentielle principalement rythmée par les guerres mondiales (figure 2). Durant la dernière phase (1960-2010), un ralentissement très important et une raréfaction de l'ensemble des records du monde sont observés. Sur l'analyse de plus de 3 200 d'entre eux, correspondant à 150 épreuves olympiques, Geoffroy Berthelot a ainsi montré que ce rythme suit, durant les Trente Glorieuses jusqu'à nos jours, une seule courbe mono-exponentielle [3]. Elle révèle ainsi le maigre pourcentage qu'il nous reste à atteindre avant les asymptotes. Un examen plus détaillé des performances des 10 meilleurs athlètes mondiaux montre également des courbes de croissance qui suivent les paliers de la Grande dépression et des deux conflits mondiaux, aboutissant à une stagnation voire à une régression des performances depuis 30 ans, comme c'est le cas des lancers du poids (figure 3).

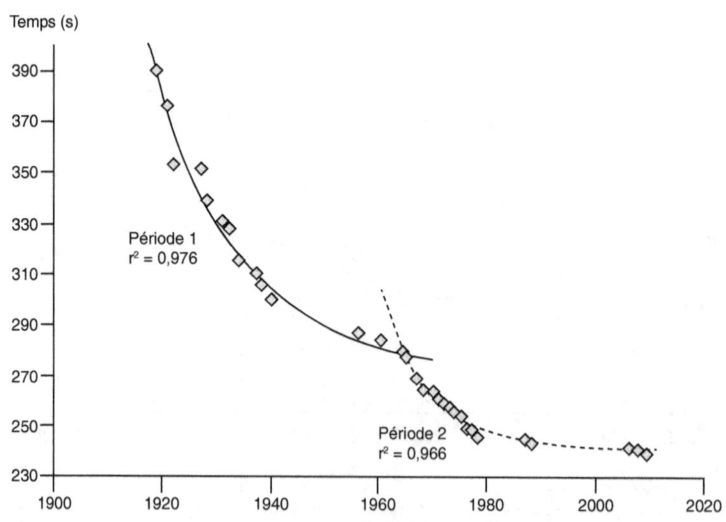

Figure 2
Records mondiaux du 400 mètres nage libre féminin établis depuis la création de cette discipline.
On note que, depuis environ 1980, l'amélioration de ces records ne porte que sur quelques fractions de secondes, d'après (3) (Source : Irmes).

De même, en santé publique, les données relatives à la durée de vie, et la courbe féminine en particulier, montrent des signes très nets d'infléchissement. L'espérance de vie de l'espèce humaine ralentit ainsi dans la deuxième moitié du XXe siècle (autour de 69 ans actuellement). De même, la courbe de mortalité infantile en France, est-elle aussi parfaitement exponentielle, et stagne désormais autour de 3,6 pour mille sur les cinq dernières années. L'analyse des dépenses de santé rapportées au nombre d'habitants montre qu'il est possible d'obtenir encore quelques progrès mais il semble malgré tout que nous ne puissions atteindre les réductions de mortalité aussi importantes que celles que nous avions espérées.

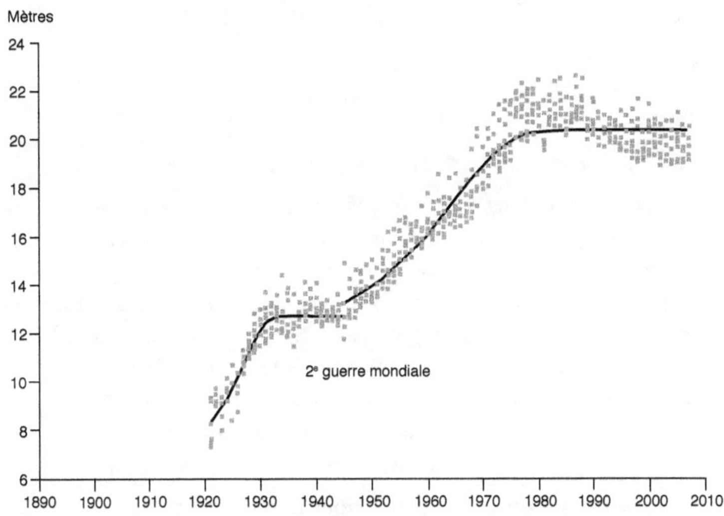

Figure 3
Dix meilleures performances mondiales annuelles au lancer du poids féminin.

On notera que, depuis 1987, le record ne s'est plus amélioré et que les meilleures athlètes mondiales ont vu leur performance régresser de 7 %, d'après (2) (Source : Irmes).

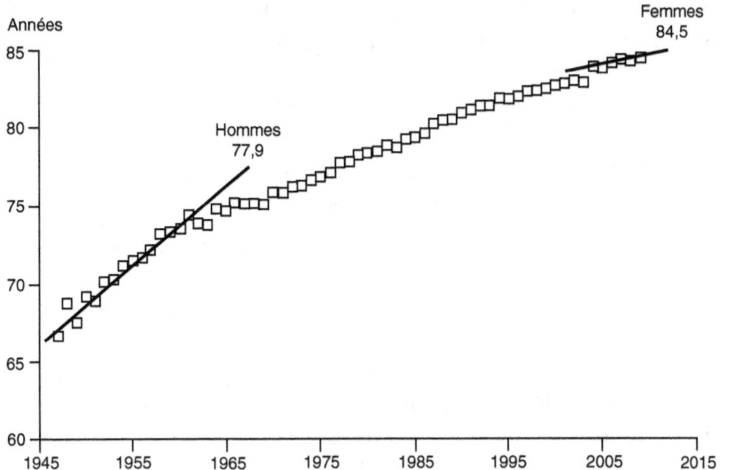

Figure 4
Évolution de l'espérance de vie en France.

Outre le ralentissement de 10 dernières années, on observe aussi un important impact thermique sur la durée de vie. L'année 2003 montre en effet un net recul avec « effet de moisson » par rapport à 2002 et 2004 (Données Insee et DREES 2011).

Figure 5
Meilleures
performances
mondiales annuelles
des 10 chevaux
les plus rapides dans
les 30 plus grandes
courses hippiques
depuis 1897,
d'après (5)
(Source : Irmes).

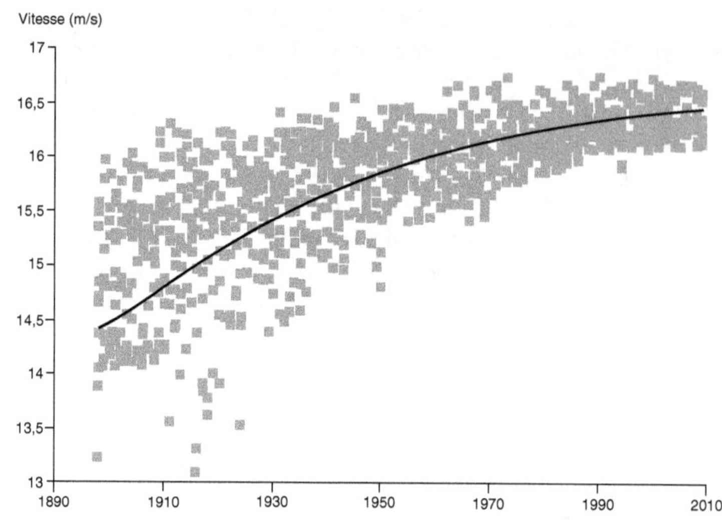

Le même type de constat peut être établi pour les performances des espèces domestiquées par l'homme. Sur une observation multiséculaire, les dix chevaux les plus rapides des plus grandes courses mondiales présentent la même tendance (figure 5) et nous retrouvons des résultats similaires pour les courses de lévriers depuis 1920. L'écart entre l'homme et l'animal, sur ces courses de durée comparable, est parfaitement stable depuis 40 ans, comme si ces espèces, soumises à la même pression de la part de l'homme mais sur des modes de sélection différents, se retrouvaient sur des trajectoires parallèles, en route, elles aussi, vers l'asymptote.

Bernard Chevassus-au-Louis (p. 89) nous montrera comment les rendements céréaliers stagnent depuis 15 ans en France. Les rizières asiatiques connaissent la même évolution. Dans le domaine économique, des valeurs simples, comme les taux de progression du PIB ou ceux de la consommation de soins et de biens médicaux – qui ne cessent de décroître depuis 1950 – démontrent que nous sommes en train de passer le seuil d'annulation. Ici encore se pose la question des asymptotes de croissance : existe-t-il des plafonds d'optimisation révélés par les taux de croissance économique inégale entre les différentes régions du monde ? Et l'actuelle crise devrait-elle s'observer au travers des prismes que révèle la biologie ?

Nous avons déjà connu plusieurs fortes régressions : dans le domaine sportif avec la disparition complète des records du monde de natation en 2010, suite à l'interdiction des combinaisons, dans le domaine spatial avec le renoncement par le gouvernement américain au programme interplanétaire *Constellation* la même année et dans le domaine pharmacologique où le nombre annuel de nouveaux produits mis sur le marché est passé de 80 dans les années soixante-dix à moins de 30 actuellement. Les conditions favorables à notre croissance se raréfient.

Nous avions fondé notre développement agricole sur un impressionnant couplage énergie-technologie. Or nous ne sommes plus aussi certains de son innocuité ni de son rapport bénéfice-risque. Engagés il y a 15 ans et signés en 2 000 à New York, les objectifs du millénaire, fixant un nombre maximal de 400 millions d'êtres humains souffrant de malnutrition, sont loin d'être atteints. Nous venons au contraire de repasser la barre du milliard de personnes dénutries. Et les conséquences des accidents climatiques sur la famine des populations est-africaines n'inverseront pas cette tendance.

Notre dépendance à l'environnement est plus importante que nous ne pouvions le penser. La diversité des variants du génome humain montre une relation importante avec la latitude : plus nous nous éloignons de l'équateur, plus cette diversité diminue ; l'analyse longitudinale de cette variabilité reflète aussi l'histoire des grandes migrations de notre espèce. Concernant l'altitude, la moitié de l'humanité se concentre désormais sur 16 % des terres, situées à moins de 100 mètres au-dessus du niveau de la mer (où sont établis 90 % des records du monde de l'actuelle génération) ; ce palier, où les contraintes énergétiques sont les plus faibles, voit l'accélération démographique la plus forte, avec ses pressions spécifiques. Enfin, fragile espèce thermodynamique [11], nous dépendons toujours très fortement des fluctuations du climat : le rythme circannuel de la mortalité, très bien décrit par Jean-Pierre Besancenot [4], comme les exploits de nos grands marathoniens, s'établissent autour de valeurs de températures optimales finement réglées (figure 6).

De nombreuses adaptations du vivant aux modifications climatiques en cours sont aussi observées. La flore de montagne, surtout les graminées,

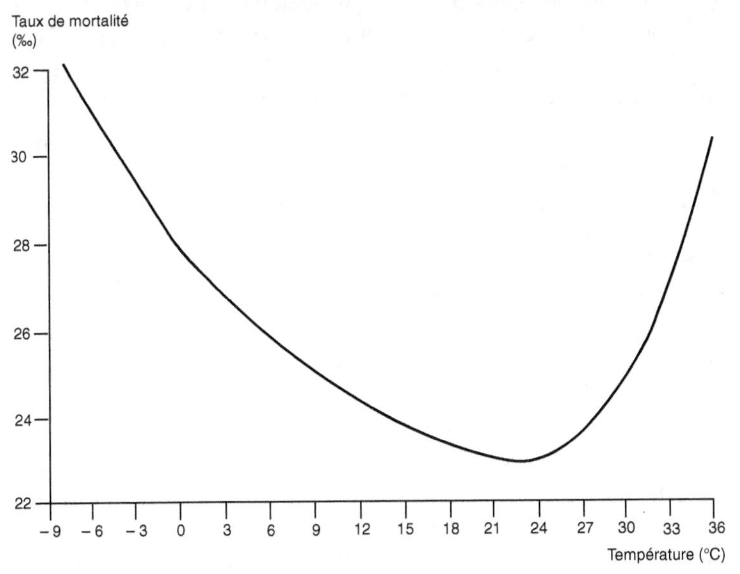

Figure 6
Mortalité globale, toutes causes confondues, en fonction de la température externe, d'après (4).
On comprend ainsi beaucoup mieux l'impact de la canicule de 2003 !

légères, s'est élevée en France d'environ 300 mètres au cours du siècle dernier, à la recherche des températures auxquelles elle est adaptée [8]. Les dates des vendanges ne cessent d'avancer vers le mois d'août tandis qu'augmentent, pour d'autres raisons, les résistances bactériennes sous la pression des antibiotiques. Ainsi, le vivant s'adapte à la pression humaine et nous rappelle constamment les règles du jeu.

Nous pourrions nous interroger sur les causes de l'augmentation simultanée de la taille, de la durée de vie et de la masse des individus, comme de celle des populations, telle que les a caractérisées Arpat Ozgul [10]. Ainsi, si le poids moyen d'un français était d'environ 45 kg au XVIIIᵉ siècle, l'abondance alimentaire nous a peu à peu sorti des temps de disette [6] mais elle a également contribué à l'épidémie d'obésité actuelle, qui se trouve associée à une croissance parallèle de la masse globale de l'humanité (la démographie). Les liens entre économie, énergie, performance, politique, démographie et espérance de vie sont actuellement étudiés par Marion Guillaume [7] à l'Irmes, laquelle a montré l'existence d'une croissance parallèle du PIB, de l'espérance de vie et des records du monde en Chine à partir de 1978.

Sur le plan individuel, des normes de progression physiologique rendent compte d'une croissance avec l'âge, puis d'une diminution régulière et systématique. Cette relation entre l'âge et la progression physiologique décrit, avec un haut degré d'adéquation, la croissance et la décroissance des performances individuelles ou collectives. Une telle évolution se retrouve sur une courbe représentative de l'espèce humaine qui décrit les performances des meilleurs individus à chacun des âges de la vie. À l'échelle individuelle, comme à celle de l'espèce, la performance d'abord croissante (maximisation du programme génétique en fonction des conditions environnementales et des ressources disponibles) est ensuite confrontée à une dégradation inexorable et continue avec le temps (figure 7). Cette courbe définit le potentiel individuel, comme le potentiel d'espèce, selon un phénomène qualifié d'autosimilarité, typique des propriétés fractales.

Les résultats de trois générations de champions du monde de natation ainsi que l'évolution de leur potentiel individuel inscrit le point maximum (leur record personnel) sur la courbe de progression de l'espèce (figure 8). L'évolution séculaire du phénotype maximal est dès lors mieux comprise. Au cours de la deuxième moitié du XIXᵉ et au début du XXᵉ siècle, une phase de progression importante culmine. La courbe des records du monde, comme celle des records d'espérance de vie, suit une loi de croissance naturelle dont l'apogée (le point d'inflexion) semble avoir été atteint il y a plusieurs décennies.

Ces courbes de potentiel permettent de définir la notion d'expansion phénotypique [1] et ce qu'il en advient tant que les variations environnementales nous demeurent favorables. D'autres espèces sauvages n'ont pas suivi la même voie et éprouvent de très fortes réductions de leur potentiel, marquée par la diminution de taille des individus (pêche de poissons plus petits), la réduction de leur durée de vie, et un âge à la reproduction de plus en plus précoce. Dans ce contexte, la comparaison de l'évolution de ces potentiels permettra de mieux comprendre les déplacements d'équilibre entre les espèces. Ces phénomènes (diminution des populations, érosion des niches, extinction) semblent en accélération dans de nombreuses familles et phylae.

Mais si une augmentation des contraintes vient à croiser le chemin de notre maximisation achevée, quels pourraient être les résultats de cette insoutenable rencontre ?

Ce plafonnement asymptotique est très général et les indicateurs des domaines du sport ou de la santé publique ne sont pas critiquables, au sens où leur mesure est d'une grande précision (chacun sait, qu'à ce jour

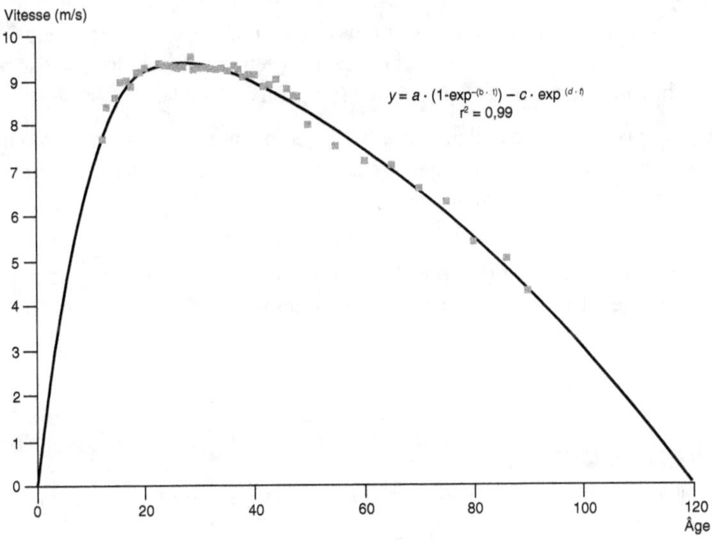

Figure 7
Potentiel d'espèce pour la vitesse maximale de course.
Chaque point représente le record du monde actuel du 100 m féminin en fonction de l'âge. Leur modélisation suit une double exponentielle avec un très haut degré d'adéquation, d'après (1) (Source : Irmes).

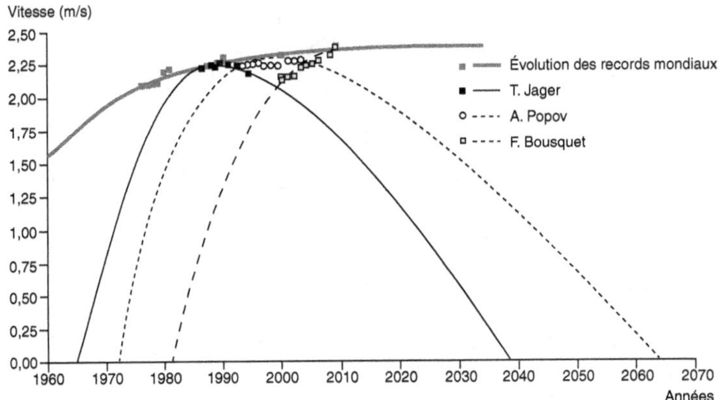

Figure 8
Performances individuelles de trois champions du monde sur 50 m nage libre (Tom Jager, Alexander Popov, Frédérick Bousquet).
Leurs contributions respectives, croissante puis décroissante, place chacun de leur record personnel sur la courbe d'évolution de l'espèce, qui tend vers l'asymptote, d'après (1).

– 1ᵉʳ juillet 2012 – nul n'a couru le 100 m en moins de 9s 58). Cette crise adaptative pourrait révéler des points de basculement ou de non retour qui nous imposeraient de développer de nouvelles stratégies.

Ne serions-nous pas en train de provoquer nous-même notre « épreuve finale » ?

Si ces constats ne résultent pas d'une erreur d'analyse ou d'interprétation, répondons-nous en tant qu'espèce à des liens hiérarchiques sus-jacents, celui des régulations inter-espèces et des dépendances environnementales ?

Que pouvons-nous alors changer de ces équilibres ? La génétique, la technologie, l'économie, l'organisation, la démographie sont-elles intentionnellement modifiables ? Ou n'agissent-elles que comme facteurs d'ajustement réciproque, et ne pourrions-nous alors corriger que notre interprétation ?

Si ces lois s'imposent chaque jour plus clairement, de quel espace peut-on dégager la notion de responsabilité ? Et dans cette confrontation, la justice des hommes est-elle réellement une fonction adaptable ?

Enfin existe-t-il un parallélisme entre développement humain et déploiement des idées, entre la croissance économique et le partage démocratique des décisions ? Et dans quel sens se fait actuellement chacun de ces champs de notre évolution ? Expansion, asymptote ou régression ?

Dans tous ces domaines, nouvellement contraints, il nous reste à définir nos marges et à mieux comprendre celles des milieux qui nous entourent.

RÉFÉRENCES BIBLIOGRAPHIQUES

(1) Berthelot G., Len S., Hellard P. *et al.* A double exponential dependence toward developmental growth and time degradation explains performance evolution in individual athletes and human species. *Age (Dordr) Online first* June 22, 2011, DOI 10.1007/s11357-011-9274-9.

(2) Berthelot G., Tafflet M., El Helou N. *et al.*. Athlete atypicity on the edge of human achievement : performances stagnate after the last peak, in 1988. *PLoS ONE* 2010, 5, e8800.

(3) Berthelot G., Thibault V., Tafflet M. *et al.* The Citius End: World Records progression announces the completion of a brief ultra-physiological quest. *PLoS ONE* 2008, 3, e1552.

(4) Besancenot J.-P., 2007. *Notre santé à l'épreuve du changement climatique.* Delachaux et Niestlé. Paris.

(5) Desgorces F.D., Berthelot G., Charmentier A. *et al.*, 2012. Similar slowdown in running speed progression in species under human pressure. *J. Evol. Biol. Online first,* July 12.

(6) Fogel R., 2003. *The escape from premature death and hunger.* Cambridge University Press.

(7) Guillaume M., El Helou N., Thibault V. *et al.*, 2009 Successes in developing nations : world records evolution under a geopolitical prism. *PLoS ONE*, 4, e7573.

(8) Lenoir J., Jégout J.C., Marquet P.A. *et al.*, 2008. A significant upward shift in plant species optimum elevation during the 20th century. *Science.* 320 : 1768.

(9) Mandelbrot B., 1995. *Les objets fractals, survol du langage fractal.* Flammarion.

(10) Ozgul A., Childs D.Z., Oli M.K. *et al.*, 2010. Coupled dynamics of body mass and population growth in response to environmental change. *Nature*, 466 : 482.

(11) Roddier F., 2012. *Thermodynamique de l'évolution.* Parole Éditions.

Les mécanismes de l'adaptation

Michel Morange*

Sans doute est-il nécessaire de revenir sur la notion d'adaptation, ses mécanismes, leur origine évolutive et leur nature.

La notion d'adaptation est problématique ! Dans le langage courant, le sens de ce terme ne fait aucun doute. En science, il recouvre des significations différentes. Le terme d'adaptation occupe une place de plus en plus importante en biologie à partir du milieu du XIXᵉ siècle. Lorsque les scientifiques d'alors parlent de mécanismes adaptés, qu'ils soient darwiniens ou néo-lamarckiens, ils font allusion au fait que des espèces proches, vivant dans des milieux différents, présentent des formes différentes qui leur permettent de vivre dans ces milieux disparates. Ainsi, la correspondance entre le milieu de vie, les structures et les fonctions des organismes correspond au sens biologique initial donné au terme « adaptation ».

*Directeur du Centre Cavaillès, École normale supérieure, professeur de biologie.

NOTION D'ADAPTATION

Le terme « adaptation » a une signification commune et évidente, et de multiples significations scientifiques.

Il s'applique à des organismes vivants capables de vivre dans des environnements très divers.

L'adaptation résulte de modifications de structures et de fonctions.

Mais elle est relative. Stephen Jay Gould[8] critique l'adaptationnisme[9] : l'expression « une adaptation parfaite » n'a aucun sens.

Il existe une adaptation à court terme et une adaptation à long terme (adaptation physiologique et adaptation évolutive)

Ces deux formes d'adaptation ne sont pas indépendantes.

L'adaptation n'a pas exactement le même sens du point de vue de la biologie évolutive. Pour cette discipline, l'adaptation est relative dans la mesure où ce qui importe en premier lieu est la différence d'adaptation entre les organismes. Cette différence est le moteur de l'évolution. L'adaptation n'est pas parfaite comme Gould et Lewontin [3] ont tenté de le démontrer dans leur lutte contre le pan-adaptationnisme. L'idée même d'une adaptation parfaite est erronée. De quel point de vue peut-on dire

---

8. Stephen Jay Gould (1941-2002), paléontologue américain, a beaucoup contribué à la vulgarisation de la théorie de l'évolution en biologie et à l'histoire des sciences depuis Darwin.

9. Courant de pensée qui insiste sur le fait que les traits des espèces vivantes, organe ou comportement, sont principalement le résultat d'une adaptation aux pressions de sélection qui pèsent sur les individus.

qu'une adaptation est parfaite ? Si un organe déterminé tel que l'œil peut être considéré comme parfaitement adapté à sa fonction, il est difficile de dire qu'un organisme dans son ensemble est parfaitement adapté à son milieu. Il paraîtrait plus pertinent d'affirmer qu'un organisme survit dans son milieu. L'idée de survie est initialement inscrite en filigrane dans le terme d'adaptation : un animal adapté à la vie en eau profonde est un animal qui peut survivre en eau profonde. La question de savoir si l'homme peut s'adapter à lui-même ne pose-t-elle pas la question de sa survie dans son nouvel environnement ?

Le terme d'adaptation a également été utilisé par les physiologistes dans le sens où les organes sont adaptés à la fonction qu'ils remplissent. Les organismes peuvent s'adapter dès lors qu'un changement de l'environnement peut entraîner une modification de leur fonctionnement physiologique, par exemple, l'augmentation du nombre de globules rouges d'un individu qui se trouverait en altitude, cela afin de mieux capturer l'oxygène.

Ainsi, le terme d'adaptation peut renvoyer à deux acceptions : l'adaptation physiologique et l'adaptation évolutive. Ces dernières sont souvent confondues dans les discours. La première manière de résoudre le problème consiste à affirmer que ces deux notions n'ont aucun lien. Or cette discontinuité n'est pas fondée. S'il y a adaptation évolutive, c'est notamment parce qu'il y a adaptation et adaptabilité physiologiques. La deuxième solution revient à ne retenir que le sens évolutionniste. Selon moi, aucune de ces solutions n'est pertinente.

Venons-en à présent à l'origine évolutive des mécanismes d'adaptation.

Les deux acceptions du terme d'adaptation nous permettent de mieux comprendre les rapports entre darwinisme et lamarckisme. Le modèle darwinien rompt la continuité entre l'adaptation physiologique et évolutive. Pour Darwin, l'adaptabilité physiologique n'est pas le moteur de l'adaptation évolutive. Cette dernière survient par des variations aléatoires qui seront triées par la sélection naturelle. Il y aura néanmoins adaptation évolutive s'il y a, d'une certaine manière, adaptation physiologique. Cette discontinuité a soulevé de nombreuses oppositions. Pour Lamarck [4], l'organisme s'adapte physiologiquement à l'environnement et l'adaptation physiologique deviendra automatiquement une adaptation évolutive. Les néo-lamarckiens français reprennent l'idée selon laquelle l'organisme commence par s'adapter physiologiquement avant de transmettre les modifications à la descendance. C'est ici que se joue la plus grande distinction entre darwinisme et lamarckisme. Pour le deuxième courant, les caractères acquis et transmis à la descendance sont des adaptations physiologiques.

Waddington (1968-1972) essaie également de conserver le lien entre adaptation physiologique et adaptation évolutive en proposant le modèle de l'assimilation génétique [8]. Selon lui, les organismes réagissent d'abord par une adaptation physiologique et coûte cher à l'organisme. Des variations présentes dans la population facilitent les variations physiologiques

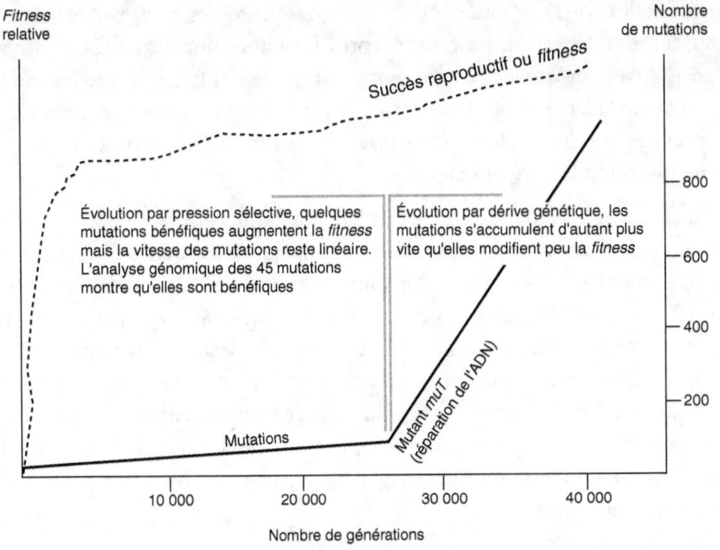

Figure 9
Pression sélective ou dérive génétique, pas si simple !
L'évolution du génome et du succès reproductif a été suivie, sur 20 ans, chez *Escherichia coli* en séquençant le génome et en mesurant le succès reproductif toutes les 10 000 générations. Reconstitué d'après (1).

qui sont ensuite sélectionnées par l'évolution. Si ce modèle est darwinien dans la mesure où il implique des variations et leurs sélections, il ne l'est pas tout à fait puisque le moteur de l'évolution serait le changement de l'environnement et la réponse physiologique de l'organisme. Les variations et la sélection ne font que stabiliser un état déjà atteint. Le problème de ces schémas (le néo-lamarckisme français et l'assimilation génétique) est l'absence de supports expérimentaux.

L'épigénétique[10] peut-elle être assimilée à un retour du néo-lamarckisme ? Les modifications épigénétiques peuvent parfois être adaptatives. Si les marques épigénétiques adaptatives pouvaient être transmises à la descendance, nous nous trouverions devant un schéma néo-lamarckien (p. 48). Toutefois, l'épigénétique provoque seulement une modification de l'activité des gènes, non pas de leur structure en fonction de l'environnement. Par ailleurs, l'hérédité épigénétique reste problématique. Je pense qu'il est difficile d'imaginer que les variations épigénétiques jouent un rôle équivalent aux variations génétiques dans l'évolution.

Il faut à présent aborder la nature des mécanismes de l'adaptation en prenant pour exemple le mécanisme de réponse adaptative au choc thermique. Tous les organismes répondent à une hyperthermie par la synthèse d'un certain nombre de protéines pour s'adapter à la température ou réparer les dégâts produits par le choc thermique. Les gènes dont la synthèse est

---

10. L'épigénétique est le domaine qui étudie comment l'environnement et l'histoire individuelle influent sur l'expression des gènes, et plus précisément l'ensemble des modifications transmissibles d'une génération à l'autre et réversibles de l'expression génique sans altération des séquences nucléotidiques.

induite lors de la réponse codent pour des protéines ayant des fonctions susceptibles d'être importantes après un choc thermique. La réponse adaptative consiste à opérer une régulation génétique afin que les fonctions normalement exprimées dans des cellules soient surexprimées dans certaines conditions. Les gènes placés sous cette réponse ne sont pas les mêmes selon les organismes.

L'adaptation évolutive est restée pendant longtemps une boîte noire. Depuis peu, nous avons accès à des informations par plusieurs lignes de recherche, notamment par l'approche d'évolution expérimentale sur les bactéries menée depuis 30 ans par Richard Lenski [5]. Grâce aux méthodes de séquençage rapide, il est possible d'avoir une description complète de toutes les mutations qui se sont produites pendant cette phase d'adaptation (figure 9) [6]. L'approche d'évolution environnementale des bactéries permet d'avoir une description complète des mutations génétiques. Ainsi, les rapprochements entre biologie évolutive et biologie fonctionnelle vont se multiplier.

MÉCANISMES D'ADAPTATION ET MALADIES

La maladie peut-être considérée comme une inadaptation physiologique. Toutefois, elle n'est pas une inadaptation du point de vue évolutif si elle survient après la reproduction. L'adaptation physiologique a frappé les penseurs et les a amenés à dire qu'elle constituait le moteur de l'adaptation évolutive ; or la sélection naturelle agit sur les individus mais ses effets sont mesurables à l'échelle des populations. Dès lors, il n'existe pas d'opposition entre une adaptation physiologique et une adaptation évolutive, la première pouvant être considérée comme soumise aux conditions de la deuxième. Les différentes façons de s'adapter correspondent aux modalités sélectives exprimées par Darwin. Il semble par conséquent que nous parlions du même phénomène à travers des approches différentes.

Les mécanismes d'adaptation en réponse à une perturbation de l'environnement pourraient définir les conditions de la maladie. Chaque individu peut ainsi maintenir son phénotype dans une homéostasie limitée par son potentiel maximal. La perturbation modifie alors ce phénotype mais les capacités de réponse à l'agression (une certaine forme de résilience) décrivent aussi les possibilités de retour au maxima. Mais après la mise en jeu des mécanismes de réponse, le phénotype peut rester marqué par des séquelles avec, pour conséquence, une dépréciation du potentiel maximal. Ces mécanismes sont-ils soumis à sélection ?

Les mécanismes de réparation sont des mécanismes dont l'activité diminue au cours de la vie, de telle sorte que nous expliquons les maladies dégénératives comme résultant d'une tendance des protéines à s'agréger et d'une diminution des mécanismes qui empêchent l'agrégation. Pourquoi l'organisme n'a-t-il pas prévu des mécanismes réparateurs plus résistants ? Selon la théorie évolutive, cette résistance ne présentait probablement pas d'avantage sélectif. Par ailleurs, nous pouvons considérer qu'il existe une compétition entre la réparation de l'organisme et les capacités de reproduction.

Les médecins ont du mal à convaincre leurs collègues de l'intérêt de la théorie de l'évolution. De même, il est parfois difficile de convaincre les spécialistes de l'évolution de s'intéresser au détail des modifications génétiques liées à l'adaptation.

L'adaptation des organismes différents (ou plus complexe) n'est pas du même type. En réalité, il existe plusieurs manières de s'adapter. Il peut y avoir des mécanismes d'adaptation indirects comme la construction de niches dans lesquelles les organismes vont se multiplier. Enfin, les changements de comportements peuvent également constituer une manière de s'adapter. La migration est à cet égard un processus d'adaptation. Il existe donc une histoire évolutive de l'adaptation et les organismes vivants n'utilisent pas tous les mêmes méthodes pour s'adapter.

Pour conclure, il faut insister sur le fait que les échelles de temps de l'adaptation physiologique et de l'adaptation évolutive sont différentes. Par ailleurs, l'adaptation est relative par rapport aux autres organismes et à un milieu particulier. Enfin, je souhaite revenir sur l'eugénisme du début du XXe siècle qui peut dans un premier temps sembler sans rapport avec les mécanismes d'adaptation. Pourtant la motivation des penseurs de l'eugénisme est un diagnostic d'inadaptation de l'espèce humaine à son nouvel environnement. L'eugénisme apparait comme une mesure permettant de réadapter en partie l'être humain à son milieu.

Alexis Carrel (1873-1944) préconise le retour à l'état initial, s'appuyant sur l'idée que l'homme n'est pas adapté à son nouvel environnement parce que ce dernier, trop émollient, fait que l'homme n'a plus à consentir d'efforts physiques [2]. Les solutions peuvent être directement ou indirectement biologiques. Si pour les eugénistes il convient de corriger le patrimoine génétique de l'humanité, Thomas Morgan (1866-1945) [7] pense que l'adaptation au nouvel environnement doit se produire avec le concours de la médecine.

Mais faut-il agir sur l'organisme ou au contraire sur l'environnement pour une meilleure adaptation ?

RÉFÉRENCES BIBLIOGRAPHIQUES

(1) Barrick J.E., Yu D.S., Yoon S.H. *et al.*, 2009. Genome evolution and adaptation in a long-term experiment with Escherichia coli. *Nature*, 461 : 1243-1247.

(2) Carrel A., 1999. *L'homme, cet inconnu*. Plon.

(3) Gould S.J., Lewontin R., 1979. The spandrels of San Marco and the Panglossian paradigm : A critique of the adaptationist programme. Proc. Royal Soc. London, *B. Biol. Sci.*, 205 : 581–598.

(4) Lamarck, J.B.P.A., 1809. *Philosophie zoologique*. 1ere éd. Librairie Dentu éd.

(5) Lenski R.E., 2004. Phenoypic and genomic evolution during a 20000-generation experiment with the Bacterium Escherichia coli. *Plant Breeding Rev.*, 24 : 225-265.

(6) Morange M., 2011. *La vie, l'évolution et l'histoire*. Odile Jacob.

(7) Morgan T.H., 1965. The relation of genetics to physiology and medicine. 1933. In : *Nobel Lectures, Physiology or Medicine 1922-1941*. Elsevier Publishing Company.

(8) Waddington C.H. ed., 1968. *Towards a Theoretical Biology*. 4 vols. Edinburgh University Press, 1968-19.

Les espaces et le temps de l'adaptation génétique

Lluis Quintana-Murci*

*Institut Pasteur, unité de recherche *Human Evolutionary Genetics*, CNRS.

Le séquençage du génome humain nous a renseigné sur la localisation des gènes et leur organisation génomique mais ne nous a que très peu appris sur la diversité génétique entre les individus et les populations. Le projet international Hapmap[11] a eu pour objectif principal de caractériser cette diversité génétique à l'échelle des populations humaines. Plus récemment, le projet 1 000 génomes[12] vise à séquencer les génomes complets de 1 000 individus de différentes origines géographiques et ethniques.

Les génomes de deux êtres humains, quelle que soit leur origine géographique ou ethnique, ne diffèrent que de 0,1 %, ce qui n'en permet pas moins de travailler sur la richesse génétique humaine en utilisant les trois milliards de bases de notre génome. Certaines mutations sont dites neutres dans la mesure où elles n'ont aucune conséquence phénotypique connue (ou tout au moins elles n'ont pas d'effet majeur sur la mortalité ou la capacité reproductrice de l'individu). La distribution de ces mutations neutres parmi les populations humaines est très utile pour mieux comprendre l'histoire de l'humanité et celle des migrations humaines. En revanche, une partie des mutations que l'on trouve dans le génome humain peut avoir des conséquences sur les différents phénotypes. Cette diversité génétique expliquerait, en partie, nos différences physiques et morphologiques, nos différentes capacités d'adaptation à l'environnement, la manière dont nous métabolisons les aliments, dont nous réagissons aux thérapeutiques.

La portion de la diversité qui nous intéresse est celle qui explique pourquoi nous ne sommes pas tous égaux face aux agents pathogènes ou face au développement des maladies infectieuses [3, 5]. Il faut, par exemple, rappeler que sur dix personnes infectées par le bacille de la tuberculose, une seule va développer la maladie.

La base de la sélection naturelle d'origine génétique est la nécessité de s'adapter à l'environnement. Après sa sortie du continent africain, l'homme

---

11. HapMap est un catalogue des variations génétiques les plus fréquentes chez l'humain. Il décrit la nature des variants, leur emplacement dans la séquence d'ADN et leur distribution au sein d'une population et entre les populations dans différentes parties du monde. Le projet international HapMap n'utilise pas l'information recueillie pour établir des corrélations entre des variantes précises et des maladies. Le projet vise plutôt à fournir aux chercheurs de l'information qui leur permettra d'établir des liens entre les variations génétiques et les risques de contracter certaines maladies. Ces recherches pourraient aboutir à de nouvelles méthodes de prévention, de diagnostic et de traitement des maladies (http://hapmap.ncbi.nlm.nih.gov/whatishapmap.html.fr).

12. http://www.1000genomes.org/home

a du faire appel à plusieurs éléments techniques, culturels et biologiques pour s'adapter aux différents climats, aux différentes ressources alimentaires et aux très nombreux agents pathogènes. Il existe différents types de sélection naturelle (figure 10, planche I) [3, 4] :

• une mutation qui protège de la malaria dans un environnement endémique aura tendance à augmenter en fréquence dans la population (points rouges dans la figure). On parlera alors de sélection positive ;

• la sélection purificatrice concerne les mutations qui confèrent un désavantage évolutif plus ou moins marqué. L'élimination de ces mutations (points noirs) est plus ou moins rapide au cours de l'évolution ;

• finalement, la sélection balancée ou équilibrée va opérer lorsque le fait d'être hétérozygote, par exemple, confère un avantage évolutif aux individus (points jaunes et rouges). Ainsi, la sélection naturelle peut-elle opérer à différentes époques de notre histoire, avec différentes intensités et dans des régions géographiques diverses.

Il est des gènes que nous connaissons suffisamment pour savoir comment ils sont en fait responsables de l'apparition d'un phénotype donné. Nous savons donc avec certitude, pour ces gènes, que la sélection naturelle a agi. Il s'agit des gènes impliqués dans le système sensoriel ou dans le métabolisme des aliments et des gènes responsables de la résistance aux agents pathogènes et donc de la genèse des maladies infectieuses (voir encadré). Les maladies infectieuses ont imposé une pression sélective majeure au cours de notre histoire et elles continuent à le faire dans différentes régions du monde. Nous commençons à connaitre aujourd'hui, par exemple, des gènes qui seraient impliqués dans la protection contre le VIH (le virus du Sida). Malheureusement, nous assistons en fait, pour le Sida, à un phénomène de sélection naturelle qui se produit en temps réel surtout dans le continent africain.

Sous cette diversité phénotypique des populations humaines, faut-il voir un effet du hasard, c'est-à-dire de la dérive génétique, ou au contraire, le témoignage d'une adaptation génétique locale ? Si tel est le cas, quels sont les gènes les plus impliqués dans la sélection naturelle et dans l'adaptation des différentes populations à leur milieu ? Pour répondre à cette question, il convient de revenir à une population ancestrale qui vivait il y a environ 70 000 ans en Afrique. La fréquence d'une mutation « neutre » apparue avant la sortie de l'homme de l'Afrique et héritée par les différentes populations humaines fluctuera par

EXEMPLES DE GÈNES SOUMIS À SÉLECTION

En adaptation diététique, le gène de la tolérance au lactose (PTC) permet une sélection positive convergente chez les Européens et Africains ; le gène de l'amylase et ses nombreux variants permettent la digestion de l'amidon.

Pour le système sensitif, le gène des récepteurs olfactifs (OR) et le PTC.

Sur l'apparence physique, le gène de la pigmentation de la peau (MCR1).

En pharmacogénétique, les gènes impliqués dans le métabolisme des xénobiotiques et des médicaments.

Sur les agents pathogènes et maladies infectieuses, TLR1 (page 34) comporte une mutation responsable d'une réduction de la réponse immunitaire sous sélection positive chez les Européens ; une diminution de la réponse immunitaire médiée par TLR1 a conféré un avantage sélectif. Cette mutation semble protéger contre la tuberculose et la lèpre et représente un compromis entre une réponse immunitaire appropriée et la nécessité de réduire l'inflammation.

dérive génétique jusqu'à nos jours. Ainsi, les distances génétiques actuelles entre les populations humaines sont extrêmement faibles. En revanche, une mutation qui n'est pas neutre et qui, par exemple, protège contre le paludisme pourra être sélectionnée positivement dans une population exposée au paludisme mais pas dans une autre qui ne l'est pas.

Pour certaines mutations, et dans des situations très rares, la distance génétique sera par conséquent très forte entre les populations. Lors de notre expérience, plus de 2,8 millions de polymorphismes dans le génome humain entre populations de différentes origines ethniques ont été utilisés. Nous avons ainsi identifié un groupe de mutations qui présentent des différences extrêmes entre les populations, ce qui témoigne de l'action de la sélection positive spécifique d'une population donnée, notamment sur des mutations qui changent la séquence protéique ou qui sont localisées dans les régions promotrices de gènes [1]. Environ 500 gènes ont été analysés. Ils sont impliqués dans des différences morphologiques, immunitaires ou métaboliques (obésité, diabète et hypertension par exemple) ayant des mutations très différenciées entre les populations (figure 12, planche II).

Plus récemment, les gènes impliqués dans la réponse immunitaire contre les agents pathogènes ont été identifiés. Ils jouent un rôle évolutif majeur au cours de notre histoire évolutive. Ainsi environ 180 gènes identifiés possèdent une signature de sélection positive dans au moins trois études indépendantes. Ainsi, il existe un enrichissement des gènes impliqués dans la réponse immunitaire aux pathogènes qui ont subi une adaptation récente (il y a moins de 30 000 ans) [3]. Parmi les récepteurs figurent les récepteurs de type Toll ou TLRs[13]. Nous avons ensuite séquencé les dix TLRs dans un panel de populations de différentes origines ethniques [2]. Six sont exprimés à la surface de la cellule et plutôt impliqués dans la reconnaissance des bactéries, des parasites et des champignons. Quatre sont localisés dans la cellule et sont impliqués dans la reconnaissance des acides nucléiques, principalement des virus. La mesure de la sélection naturelle sur ces dix récepteurs nous a permis d'identifier deux groupes qui évoluent différemment. Les quatre récepteurs intracellulaires sont sous forte contrainte sélective : ils ne peuvent pas accumuler de mutations qui modifieraient la protéine. Les six autres gènes du système TLR font au contraire preuve d'une certaine relaxation. Cette dichotomie suggère que les virus, ou en tout cas le mécanisme de détection des pathogènes via leur acides nucléiques, ont exercé une pression de sélection plus forte, au moins pour ce qui concerne le système TLR.

La flexibilité plus importante des récepteurs Toll de surface peut donner lieu à des adaptations locales particulières. Nous avons observé l'augmentation en fréquence d'un haplotype[14] touchant trois TLRs (TLR1, TLR6 et TLR10)

---

13. Les récepteurs de type Toll (en anglais *Toll-like receptors*, TLR) appartiennent à la famille des récepteurs de reconnaissance de motifs moléculaires. En tant que tels, ils interviennent au cours des mécanismes de l'immunité innée en reconnaissant des « motifs moléculaires conservés » chez de nombreux pathogènes.
14. Haplotype : combinaison d'allèles sur le même chromosome.

en Europe qui ne s'explique que par la sélection positive locale. Nous avons cherché à identifier la mutation qui était sous sélection positive et sa fonction et nous avons montré qu'elle est associée à une réponse immunitaire réduite [2]. Ceci suggère la recherche évolutive de « compromis » entre la bonne reconnaissance d'un pathogène et la non-exagération de la réponse immunitaire pour éviter des réponses inflammatoires trop importantes et nuisibles à l'hôte (encadré p. 35).

Enfin, une étude a été menée pour savoir si, en comparant les mutations du génome sous sélection positive par rapport aux mutations associées aux maladies, il existait un enrichissement. La réponse est, oui. Le petit enrichissement devrait correspondre à des mutations ayant un effet protecteur par rapport aux maladies.

Parmi les mutations associées à des maladies reliées au système immunitaire, existe-t-il un enrichissement des mutations sous sélection positive ? La réponse est encore oui ! Encore une fois, ces mutations devraient donc protéger contre ces maladies.

D'une façon surprenante, la plupart des mutations qui témoignent de sélection positive ne protègent pas contre les maladies reliées au système immunitaire. Au contraire, elles semblent en augmenter le risque. Toutefois, il ne s'agit pas de maladies infectieuses mais plutôt de syndromes inflammatoires, allergiques ou auto-immuns. Cela semble indiquer qu'une sélection positive passée, développée pour lutter contre l'infection accrue, aurait exacerbé les mécanismes de réponses immunitaires aujourd'hui à la base du développement de maladies inflammatoires ou auto-immunes (figure 11, planche I).

Ces travaux, basés sur des approches de génétique des populations et de génétique évolutive, aident à reconstruire l'environnement écologique et pathogénique auquel les hommes ont dû faire face au cours de leur histoire et ainsi à mieux comprendre comment cet environnement a influencé l'architecture de notre génome.

RÉFÉRENCES BIBLIOGRAPHIQUES

(1) Barreiro L.B., Laval G., Quach H. *et al.*, 2008. Natural selection has driven population differentiation in modern humans. *Nat. Genet.*, 40 : 340-345.

(2) Barreiro L.B., Ben-Ali M., Quach H. *et al.*, 2009. Evolutionary dynamics of human Toll-like receptors and their different contributions to host defense. *PLoS Genet.* 5, e1000562.

(3) Barreiro L.B., Quintana-Murci L., 2010. From evolutionary genetics to human immunology : how selection shapes host defence genes. *Nat. Rev. Genet.*, 11 : 17-30.

(4) Nielsen R., Hellmann I., Hubisz M., *et al.*, 2007. Recent and ongoing selection in the human genome. *Nat. Rev. Genet.*, 8 : 857-868.

(5) Quintana-Murci L., Alcaïs A., Abel L., Casanova J.L., 2007. Immunology in natura, clinical, epidemiological and evolutionary genetics of infectious diseases. *Nat. Immunol.*, 8 : 1165-1171.

L'évolution culturelle est-elle la fin de l'évolution biologique ?

Évelyne Heyer*

*Professeur d'anthropologie génétique au Muséum d'histoire naturelle, directrice adjointe du département Hommes, Natures, Sociétés, unité mixte de recherche Écoanthropologie.

La notion de culture et l'évolution biologique chez l'homme sont souvent plus imbriquées que nous le pensons. Le premier facteur culturel analysé qui pourrait être lié à notre évolution biologique et, notamment, à la répartition de la diversité génétique est la langue. L'arbre des distances linguistiques entre les populations et celui des distances génétiques sont fortement corrélés. Dans le cadre de ce paradigme, une étude a été menée dans une zone frontière de familles linguistiques : l'Asie centrale [4]. Dans cette région, la famille des langues turques côtoie celle des langues indo-iraniennes.

Dans quelle mesure un trait culturel comme la langue peut-il jouer sur la diversité génétique des populations et *in fine* sur des différences d'évolution biologique ?

Nous avons constaté une absence de corrélation entre la distance géographique et la distance génétique des populations locales, contrairement à ce qui est observé dans la plupart des populations humaines. En réalité, les deux principaux groupes vivant dans la zone correspondent à des familles linguistiques différentes. Ainsi, un trait culturel apparaît-il comme l'un des moteurs les plus importants de la diversité génétique : la langue fonctionne comme une barrière qui limite les échanges génétiques. Le fait que des traits culturels jouent sur des différenciations génétiques entre les populations humaines a également été démontré en Hollande (religion) et en Inde (système de caste).

Nous nous sommes par ailleurs intéressés à l'organisation sociale. En Asie centrale, certaines populations vivent selon une filiation patrilinéaire. Dans certaines ethnies, les individus sont regroupés en lignages, qui sont eux-mêmes regroupés en clans, et ces clans en tribus. Les personnes appartiennent aux lignages, clan et tribu de leur père (figure 13). À chaque échelle d'organisation, les individus sont dits avoir un ancêtre commun récent. Ce type d'organisation sociale peut-il avoir un impact sur la diversité biologique ? On a d'abord vérifié que l'organisation sociale existait d'un point de vue biologique et pas seulement mythique. Nos analyses ont montré que l'ancêtre commun au niveau des lignages et des clans avait une existence réelle sur un plan biologique. Cela n'est plus vrai à l'échelle de la tribu. Cette organisation sociale a un impact sur la diversité génétique: elle la réduit dans les populations et l'augmente entre les groupes, du moins pour ce qui est du chromosome Y [1]. Ainsi, les traits

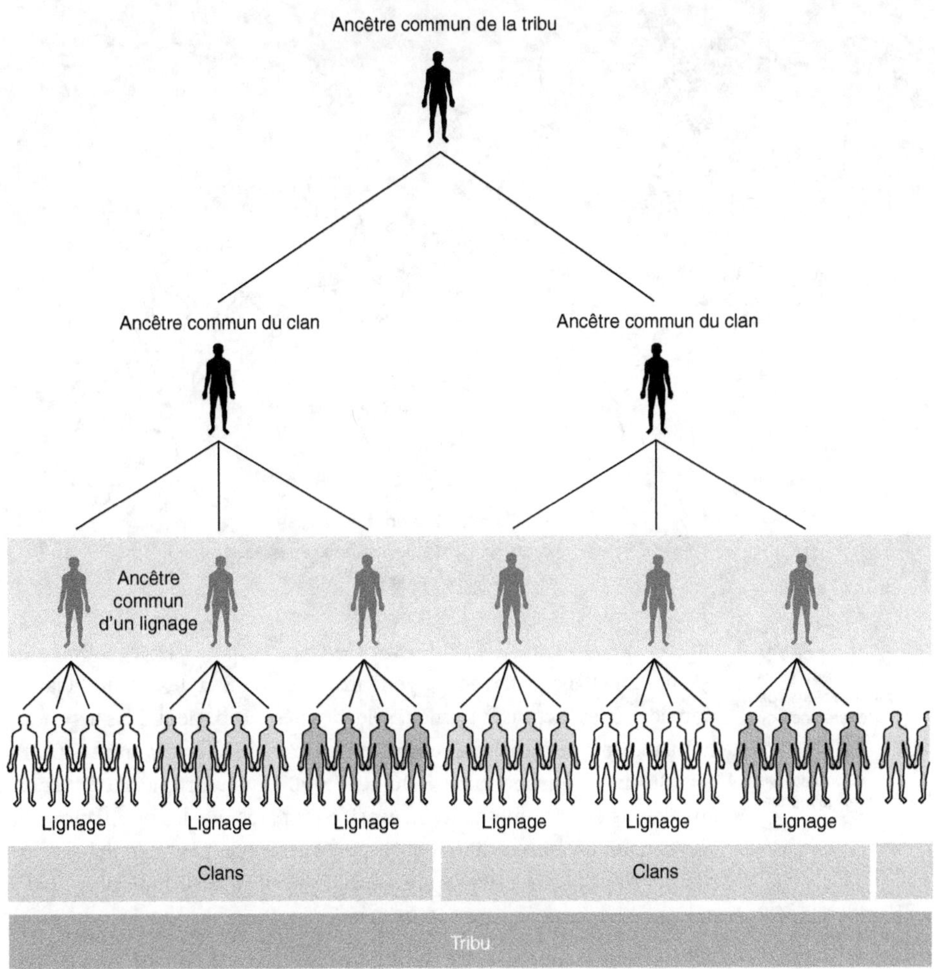

culturels transmis d'une génération à la suivante ont-ils un impact à la fois sur notre diversité biologique et sur notre évolution.

Par ailleurs, nous savons que certains traits soumis à sélection naturelle interagissent avec la culture chez l'homme. Par exemple, les Esquimaux se sont adaptés morphologiquement au froid mais que cette adaptation a été tributaire d'une première adaptation technique. Tout adapté qu'il soit, l'Esquimau ne peut survivre dans son milieu que s'il se confectionne des vêtements. Nos capacités techniques nous permettent d'explorer de nouveaux environnements et d'avoir de nouvelles « sélections » biologiques.

Un autre exemple connu de l'interaction du biologique et du culturel est la tolérance au lactose [2]. Normalement, comme chez tous les mammifères, les adultes humains ne digèrent pas ou mal le lait. Toutefois, il existe des sociétés humaines dans lesquelles une grande proportion d'adultes peut

Figure 13
Groupes de filiations.
Populations de pasteurs nomades d'Asie centrale. Filiation patrilinéaire d'après la tradition orale.

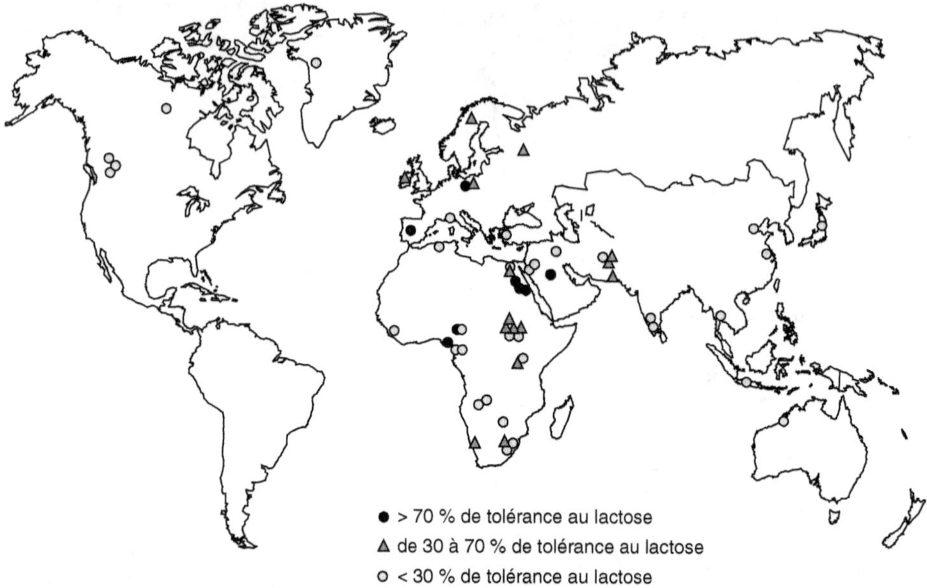

Figure 14
Fréquences phénotypiques de la tolérance au lactose. Pourcentage de tolérance dans 62 populations à travers le monde.

Forte fréquence de la tolérance au lactose dans les populations avec une alimentation à base de lait.

digérer cet aliment. Il s'agit des sociétés où le lait frais est un élément essentiel de l'alimentation. Le gène impliqué dans la digestion du lait est l'un des gènes les plus fortement sélectionnés récemment dans le génome humain. Ce phénomène de sélection a commencé à agir entre 5 000 et 10 000 ans en Europe, entre 3 000 et 7 000 ans en Afrique. Il correspond aux débuts de la domestication. Ainsi, c'est parce que les populations ont choisi de consommer du lait qu'il y a eu sélection naturelle du gène qui permet de le digérer. En se créant de nouveaux environnements par la culture, l'homme change son théâtre écologique.

Un exemple actuel est celui de la sous-fertilité au Danemark où 30 % des hommes jeunes rencontrent des problèmes à cet égard. Des travaux ont permis d'observer que ce problème semblait lié à une forme de chromosome Y, celle-ci étant plus fréquente chez les hommes les moins fertiles [3]. Avant le nouvel environnement, cette forme n'était pas contre-sélectionnée. Les produits présents dans l'environnement actuel pourraient induire une sous-fertilité chez les individus porteurs. Cet exemple implique les deux caractéristiques de la sélection naturelle : la variabilité du caractère et sa transmission génétique. De plus, ce trait — la fertilité — est directement lié à la valeur sélective. Cependant, les chercheurs n'ont pas encore identifié le facteur environnemental qui induit cette sous-fertilité, l'une des pistes étant les produits utilisés dans l'agriculture intensive (figure 14).

Si la culture ne met manifestement pas un terme à l'évolution biologique (figure 15), pourquoi répète-t-on que l'homme est sorti de l'évolution biologique grâce à la transmission culturelle ?

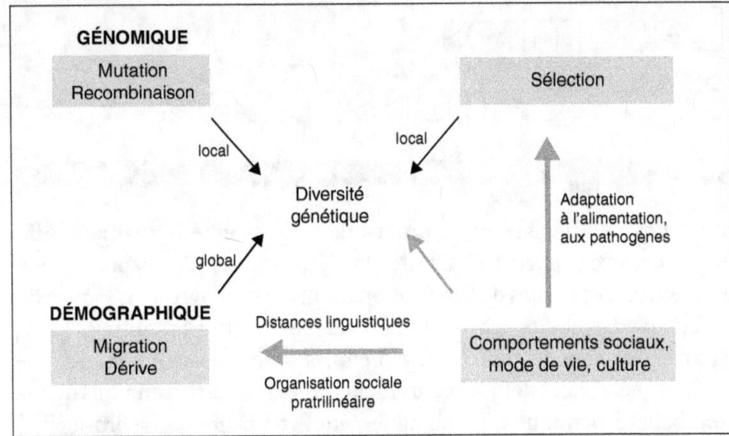

Figure 15
Les forces évolutives de l'espèce humaine.

Ces considérations témoignent d'une vision réductrice de l'évolution biologique que l'on limite à la sélection naturelle en oubliant la part des forces démographiques comme la migration ou la dérive génétique. La sélection naturelle ne se réduit pas à la seule pression sur la survie. Il existe une sélection sur la fertilité, une sélection sexuelle, et des facteurs génétiques interviennent dans les choix du conjoint. Il existe aussi une interaction entre l'évolution biologique et la culture chez l'homme ; la création et la transmission de la culture ne marquent pas la fin de l'évolution biologique.

RÉFÉRENCES BIBLIOGRAPHIQUES

(1) Chaix R., Quintana-Murci L., Hegay T. *et al.*, 2007. From social to genetic structures in central Asia. *Current Biology*, 17 : 43-48.

(2) Jobling M.A., Hurles M.E., Tyler-Smith C., 2004. *Human evolutionary genetics. Origins, peoples and disease.* Garland Science pub., New York et Abingdon.

(3) Krausz C., Quintana-Murci L., Rajpert-De Meyts E. *et al.*, 2001. Identification of a Y chromosome haplogroup associated with reduced sperm counts. *Human Molecular Genetics*, 10 : 1873-1877.

(4) Martínez-Cruz B., Vitalis R., Ségurel L. *et al.*, 2011. In the heartland of Eurasia: the multilocus genetic landscape of Central Asian populations. *Eur. J. Hum. Genet.*, 19 : 216-23.

Des limites à la connaissance ?

Lionel Naccache*

*Professeur des universités, praticien hospitalier, CHU La Pitié-Salpétrière, professeur de neurophysiologie, université Pierre et Marie Curie.

Il est possible d'analyser les limites de l'adaptabilité humaine à différents niveaux (moléculaires, cellulaires ou sociaux). Ce chapitre aborde la question des limites de l'adaptation humaine envisagée sous l'angle des limites d'adaptabilité des bases cérébrales des fonctions cognitives [3, 4]. Les neurosciences cognitives explorent les propriétés psychologiques et les bases cérébrales des processus mentaux les plus divers en utilisant une approche dynamique qui conjugue l'étude de patients cérébro-lésés, la psychologie expérimentale et l'imagerie cérébrale fonctionnelle.

L'adaptabilité cognitive et cérébrale fait l'objet de discours qui sont à la fois des mythes et des réalités. L'un des mythes les plus tenaces est celui selon lequel nous n'utiliserions que 10 % de nos capacités cérébrales et mentales. La croyance selon laquelle nous posséderions un vaste potentiel largement sous-utilisé nous permet de nous rassurer sur nos capacités, mais aussi de nous culpabiliser suffisamment pour nous encourager à en faire plus. Ce mythe s'enracine notamment dans l'observation des conséquences cognitives et comportementales de lésions cérébrales chez l'homme et chez l'animal au cours de la première moitié du XXe siècle.

Pour mémoire, notre cerveau est composé de plusieurs lobes spécialisés dans des fonctions particulières. Les cortex somato-sensoriels primaires sont en contact direct avec le monde et, rapidement, il est apparu qu'une lésion du cortex visuel primaire provoquait une forme de cécité, la cécité corticale. De la même manière, l'implication du cortex moteur primaire dans la commande motrice volontaire a pu être démontrée de manière claire et reproductible (par exemple, l'homonculus moteur de Penfield obtenu par la stimulation cérébrale per-opératoire chez l'homme éveillé et conscient). Ce type de recherches sur le fonctionnement cérébral a été poussé très loin, jusqu'aux aspects les plus abstraits de l'activité mentale. Broca, par exemple, à la fin du XIXe siècle, avait déjà démontré que l'hémisphère gauche du cerveau abritait des régions importantes pour la production du langage articulé. Une personne affectée d'une lésion dans cette région sera atteinte de l'aphasie qui porte toujours son nom.

À la lumière de ces observations anatomo-cliniques, il semblait que des lésions localisées au sein de vastes zones du cerveau ne s'accompagnaient pas de troubles comportementaux ou psychologiques évidents. En particulier, des lésions des cortex préfrontaux, situées en avant des régions corticales motrices primaires et prémotrices, ne semblaient pas provoquer de troubles aussi palpables qu'une paralysie, une cécité, une aphasie. Ces lésions ont ainsi été qualifiées de « silencieuses ». C'est ainsi qu'a surgi l'idée qu'à l'état normal, nous n'utiliserions qu'une portion minime de notre cortex cérébral, idée qui porte en elle son propre prolongement : nous posséderions un potentiel cérébral, et donc mental, insoupçonné ! Ce discours porteur d'immenses promesses n'avait qu'un seul défaut : il était totalement erroné, confondant les limites de l'observation avec celles de la réalité.

La compréhension des fonctions cognitives du lobe frontal est extrême-ment récente, et commence avec Luria dans les années 1960 et 1970, puis avec l'École américaine et, en France, avec les travaux pionniers de François Lhermitte. Le lobe frontal sous-tend les aspects les plus élaborés de la pensée humaine : spontanéité de la pensée et du comportement, facultés d'abstraction et de libération des contingences immédiates, facultés d'introspection, du contrôle exécutif, de la pensée logique et rationnelle, du sens critique et du jugement.

On comprend assez aisément pourquoi cette région de notre cerveau a reçu les appellations emphatiques de « lobe de la liberté » ou de « lobe de la civilisation ». Une lésion du lobe frontal provoquera souvent une altération de la capacité à se libérer des contingences immédiates.

À ce stade, il semble qu'il faille faire le deuil d'une source de potentialité mentale qui reposerait sur une conception macro-anatomique de notre cer-veau : chacun de nous « utilise » d'ores et déjà l'ensemble de son cerveau !

LES FONDATEURS DES NEUROSCIENCES

Paul Pierre Broca (1824-1880) est un médecin, chirurgien, anatomiste et anthropologue français. Médecin célèbre à l'époque, on lui doit la découverte du centre de la parole dans la troisième circonvolution de l'aire frontale, l'aire de Broca, de nombreux travaux sur l'hypnose (qui fascinèrent Sigmund Freud) et sur l'anthropométrie crânienne. On le considère comme l'un des premiers pionniers de l'imagerie cérébrale.

Alexander Romanovich Luria (1902-1977) est un neuropsychologue soviétique (originaire de Kazan). On le considère habituellement comme le fondateur de la neuropsychologie. On lui doit, entre autre, un test neuropsychologique, le test standardisé de Luria-Nebraska, ainsi que plusieurs études sur les moyens de compenser des déficits psychologiques secondaires à des lésions cérébrales pendant la guerre.

François Lhermitte (1921-1998) est un neuropsychologue français. On lui doit de nombreux travaux sur la sclérose en plaques et sur les troubles secondaires à des lésions des lobes frontaux.

Néanmoins, si la partition des 10 % - 90 % est complètement fausse, il existe d'autres pistes pour un explorateur des sources de l'adaptabilité humaine. Parmi ces pistes, trois paraissent particulièrement pertinentes :
• la richesse des processus cognitifs non conscients et leurs relations avec les opérations et les contenus mentaux conscients ;
• le concept de plasticité cérébrale, qui au-delà du galvaudage inhérent aux concepts riches et prometteurs recouvre une réalité fascinante ;
• et enfin, plusieurs illustrations du principe de « recyclage neuronal » qui équivaut dans le champ des neurosciences cognitives à celui, plus

vaste, du bricolage de la nature, principe qui permet de s'affranchir d'une représentation téléologique des phénomènes biologiques.

Notre vision actuelle du fonctionnement cérébral s'articule autour d'un fonctionnement conscient restreint et limité (nous ne pouvons pas faire deux choses à la fois) et d'un riche fonctionnement inconscient qui nous permet de traiter en parallèle une multitude d'informations. Dans le champ de la conscience et de l'inconscient cette approche a permis, en une quarantaine d'années, de transformer la conception scientifique de la vie mentale inconsciente à travers trois grands résultats expérimentaux.

Le premier résultat expérimental majeur de ce champ de recherche concerne la diversité et la richesse des opérations mentales réalisables inconsciemment. Loin d'être réduites à des processus archaïques « stupides », automatiques, rigides et figés, ces opérations extrêmement variées culminent dans des opérations très complexes comme la représentation inconsciente de certains attributs sémantiques de mots écrits. La signification d'un mot non perçu consciemment peut être inconsciemment représentée.

À ce principe de diversité et de richesse psychologique de la vie mentale inconsciente fait écho l'absence de sectorisation anatomique stricte des corrélats cérébraux des processus cognitifs inconscients. Ce second résultat a fait voler en éclat, de manière définitive, les différentes conceptions anatomiquement compartimentées de la vie mentale consciente et inconsciente. Les représentations mentales inconscientes ne sont pas cantonnées aux étages « inférieurs » du système nerveux, mais on peut les rencontrer au sein de virtuellement n'importe quelle région néo-corticale : l'inconscient est cortiqué !

Enfin, le troisième résultat majeur dont nous ne commençons qu'à entrevoir la portée vise les relations entre notre activité mentale consciente et ces inconscients bigarrés qui nous habitent. Certains de ces processus inconscients ne se déploient pas de manière indépendante de notre attention et de nos stratégies conscientes, mais ils sont au contraire très sensibles à notre posture consciente. Autrement dit, nous agissons à notre insu la plus totale sur certains de nos processus cognitifs inconscients. Cette plasticité et cette sensibilité de certains aspects de notre vie mentale inconsciente pourrait conduire à certaines avancées thérapeutiques et ergonomiques intéressantes, et correspond d'une certaine façon à un volet considérable d'activités cérébrales dont nous ignorons totalement l'existence d'un point de vue subjectif. Les limites du fonctionnement mental non conscient concernent leur maintien actif dans le temps (évanescence des représentations mentales explicites) et leur utilisation de manière stratégique. Il existe ainsi des relations très complexes entre processus conscients et inconscients, notamment illustrés dans le cadre des opérations de créativité.

Le concept de plasticité cérébrale joue également un rôle fondamental dans l'adaptabilité de notre cerveau à notre environnement et à nos activités. La structure même de notre cerveau est en effet affectée et façonnée par l'expérience : le cerveau de deux jumeaux monozygotes est différent et une partie notable de ces différences relève de facteurs épigénétiques. Il faut néanmoins garder à l'esprit que tout dans le cerveau n'est pas modifié par l'expérience et qu'il existe une fenêtre limitée de plasticité (modifications des pondérations synaptiques ; adaptabilité d'un réseau cérébral pour des fonctions différentes à celles sous-tendues initialement…), et des facteurs limitant à cette ressource d'adaptation (âge, périodes critiques de plasticité…). En gardant ces limites à l'esprit, il est toutefois fascinant d'explorer cette souplesse du fonctionnement cérébral et d'envisager ainsi le cerveau comme un organe génétiquement programmé pour échapper à un déterminisme fonctionnel rigide. Deux applications cliniques permettront de nous en convaincre.

Certains patients atteints de cécités congénitales ou précoces liées à des problèmes oculaires et non cérébraux (cataracte sévère, par exemple) présentent parfois un capacité de discrimination somesthésique non seulement excellente mais qui, parfois, peut surpasser par certains aspects celle des sujets sains. L'imagerie cérébrale fonctionnelle a permis de démontrer que les cortex visuels primaires de ces patients étaient recyclés pour traiter des informations somesthésiques. Autrement dit, une structure cérébrale, dont on pensait assez largement qu'elle était génétiquement contrainte pour ne traiter que des informations visuelles, est capable de coder une modalité de perception différente.

Le second exemple concerne une jeune fille de 11 ans qui lit parfaitement, mais qui, à l'âge de 4 ans, après l'apprentissage du langage mais avant celui de la lecture, avait été opérée d'un angiome cérébral situé dans l'hémisphère gauche. Cette jeune patiente avait alors subi une résection chirurgicale de la quasi-totalité du lobe occipital gauche, structure anatomique sollicitée par l'apprentissage de la lecture (tout particulièrement chez les sujets droitiers qui mobilisent des réseaux hémisphériques gauches pour le langage). Laurent Cohen et ses collègues ont observé que, chez cet enfant qui présente effectivement une latéralisation hémisphérique gauche pour le langage (expériences en IRM fonctionnelle), la région occipitale droite, homologue de celle retirée la chirurgie, avait pris en charge la fonction de décodage des mots. Une telle plasticité ne s'observe pas fréquemment à l'âge adulte.

Ces deux exemples illustrent cette modalité d'adaptabilité cérébrale mais souligne aussi les limites qui sont inhérentes à la structure cérébrale, au fonctionnement, à l'âge du sujet ainsi qu'aux conditions environnementales.

Le concept de recyclage neuronal proposé, notamment, par Stanislas Dehaene[15], consiste à affirmer que nous pouvons, par la culture et par l'expérience sociale, « recycler » des systèmes cérébraux génétiquement programmés pour telle ou telle fonction, vers la prise en charge de

---

15. Stanislas Dehaene est directeur de l'Unité de neuroimagerie cognitive, unité mixte INSERM-CEA à Neurospin dans l'Essonne.

fonctions qui n'étaient pas celles prévues initialement et pour lesquelles notre cerveau n'a pas eu le temps d'évoluer génétiquement.

Le recyclage n'implique pas une perte complète mais doit plutôt s'entendre comme une action de bricolage. Nous savons depuis quelques années que des régions considérées comme unimodales sont parfois affectées par d'autres modalités. Si le terme est discutable, il s'agit d'affirmer que nous pouvons aller au-delà de ce pour quoi le cerveau est programmé sans transmission culturelle.

Comment l'évolution culturelle se trouve-t-elle relativement affranchie de la vitesse bien plus lente de l'évolution génétique ? Nous pourrions citer ici plusieurs exemples, mais je n'en développerai qu'un seul qui touche à la douleur physique et à la douleur morale ou à l'humiliation sociale. La douleur peut être envisagée comme un mécanisme fondamental qui peut être utilisé à d'autres fins, par exemple pour développer d'autres processus cognitifs. On retrouve ici l'idée générale du « bricolage » non téléologique qui guide l'évolution biologique, bricolage décrit par François Jacob [2]. Un bricolage qui réutilise les mêmes briques à des fins différentes, selon les contextes, en l'absence de tout plan supervisé créateur. Appliquée à la douleur, cette piste du bricolage est particulièrement féconde et intéressante. Nous en proposons deux illustrations.

Tout d'abord le rôle joué par l'expérience de la douleur pour développer une empathie à l'égard de la souffrance d'autrui : cette empathie peut se déployer en l'absence de vécu douloureux (expériences de Nicolas Danziger [1] chez les patients insensibles congénitaux à la douleur), mais elle alors sous-tendue par de tout autres mécanismes, ce qui permet de pointer précisément vers une autre utilité de la douleur.

Toujours dans cette même « logique du bricolage », plusieurs travaux récents permettent d'envisager l'expérience de la douleur comme le support d'autres expériences émotionnelles désagréables, plus abstraites et plus socialement investies que la douleur physique elle-même. Par exemple, la douleur et l'humiliation sociales peuvent être saisies sous leur forme élémentaire par de simples expériences réalisées en imagerie cérébrale fonctionnelle, comme celle de Naomi Eisenberger. Dans une expérience toute simple, un sujet allongé dans une IRM fonctionnelle, devait s'échanger une balle à l'aide d'un écran avec deux autres participants situés dans deux autres pièces différentes. En réalité, à l'insu du sujet volontaire, il était seul à jouer contre un ordinateur qui simulait la présence de deux joueurs virtuels. Cette expérience permettait d'enregistrer l'activité cérébrale fonctionnelle d'un sujet lorsqu'il se livre à un jeu social élémentaire qui consiste à se passer une balle. Toute l'astuce de l'expérience consistait à progressivement exclure le sujet de cette expérience sociale à minima : alors qu'au début la balle circulait allègrement entre les trois joueurs, les deux autres joueurs, simulés par l'ordinateur, allaient bientôt s'échanger seuls la balle, sans ne plus jamais la passer au sujet volontaire. D'un point de vue psychologique, une telle situation fait naître un sentiment d'humiliation sociale, parfois formulée avec le vocabulaire de la douleur : une douleur sociale. De manière remarquable, les données d'imagerie cérébrale fonctionnelle ont révélé que cette expérience émotionnelle désagréable était corrélée à l'activation des régions observées lors de l'expérience douloureuse, c'est-à-dire à l'activation la matrice de la douleur (cette « pain matrix » que nous avons déjà rencontrée). Autrement dit, il semble bien que la représentation cérébrale de l'expérience immédiate de la douleur soit recyclée pour nous permettre de représenter d'autres expériences émotionnelles désagréables plus abstraites, telle que l'humiliation sociale. Il ne s'agirait donc pas simplement d'un jeu de mots, d'une vague association sémantique qui ne se jouerait précisément qu'au niveau de la sémantique abstraite des concepts, tout au contraire lorsque nous avons mal socialement, il semble que nous fassions l'expérience à la première personne d'une représentation mentale qui utilise les circuits intimes de la douleur et ses propriétés. Dans un travail très récent, le groupe d'Eisenberger vient d'apporter une petite brique supplémentaire pour asseoir le caractère véritablement causal de cette relation entre douleur physique et douleur psychique : en utilisant le même paradigme que celui que nous venons de décrire, ces auteurs ont démontré que l'administration de paracétamol (antalgique d'action centrale), en double aveugle contre placebo, provoquait une diminution sensible du sentiment de douleur sociale et des activations de la « pain matrix ».

Comprendre les limites de notre fonctionnement conscient nous permet de comprendre la pertinence qu'il peut y avoir à se libérer d'un ensemble de contraintes de traitement de l'information et à concentrer nos ressources sur des tâches plus pertinentes, plus complexes. L'invention de l'écriture, qui libère la mémoire, a sans doute été un fait majeur dans l'externalisation culturelle de la pensée humaine.

Ainsi, la prise de conscience de ce qui est adaptable et de ce qui ne l'est pas dans notre fonctionnement cérébral et dans nos fonctions mentales est une étape indispensable pour qui cherche à améliorer cette adaptabilité.

RÉFÉRENCES BIBLIOGRAPHIQUES

(1) Danziger, 2010. *Vivre sans la douleur*. Odile Jacob.

(2) Jacob F., 1977. Evolution and tinkering. *Science*, 196 : 1161-1165.

(3) Naccache L., 2006. *Le nouvel inconscient : Freud, Christophe Colomb des neurosciences*. Odile Jacob.

(4) Naccache L., 2010. *Perdons-nous connaissance ? De la mythologie à la neurologie*. Odile Jacob.

L'épigénétique : les gènes et l'environnement, pour le pire ou le meilleur

Claudine Junien*

*Professeur des universités , université de Versailles Saint-Quentin-en-Yvelines, génétique, unité mixte de recherche Biologie du développement et reproduction, Inra, Jouy-en-Josas et Enva, Maison Alfort.

À l'échelle mondiale, nous assistons à une véritable pandémie d'obésité avec une augmentation alarmante de la prévalence de diabète et de maladies cardiovasculaires. Si les efforts de recherche ont majoritairement porté pour le patient lui-même, sur les origines de la susceptibilité au niveau génétique, ou bien sur les déterminants environnementaux, comme le déséquilibre énergétique, il apparaît maintenant clairement que bien d'autres facteurs interviennent [1]. Au début des années quatre-vingts, David Barker, médecin épidémiologiste britannique, a constaté dans une région pauvre, au début du XXe siècle, un lien étrange entre une forte incidence de maladies cardiaques et le taux de mortalité infantile particulièrement élevé dans la même zone quelques décennies plus tôt. Les enfants ayant survécu à ces périodes de restriction pendant la période périnatale, avaient donc un risque plus élevé de maladies cardiovasculaires à l'âge adulte. Or la mortalité néonatale est un signe de pauvreté, tandis que les cardiopathies sont considérées comme une plaie des sociétés d'abondance aux régimes riches en cholestérol et au mode de vie stressant. Dans la même région, on trouvait les symptômes d'une société pauvre mêlés à ceux d'une société riche. Ce paradoxe conduisit David Barker à penser que les maladies de coeur ne s'expliquaient peut-être pas uniquement par le mode de vie des patients – manque d'exercice, nourriture riche, consommation de tabac et d'alcool. Il établit un lien entre la malnutrition des mères et les maladies développées des décennies plus tard [2]. Ainsi, le poids de naissance reflet de la croissance intra-utérine, de même que l'état physiopathatologique, métabolique nutritionnel et mental de la mère, ou son comportement, et ses liens avec l'enfant puis l'adolescence jouent un rôle fondamental. Toutes ces périodes de transition constituent autant de fenêtres spatiotemporelles importantes dans la détermination du risque [3].

C'est ainsi qu'est né le concept de l'origine développementale de la santé et des maladies (DOHaD).

Plus récemment on s'est rendu compte que, chez l'animal tout comme chez l'homme, la période préconceptionnelle avait également son importance en imprimant au niveau des gamètes l'impact les traces de l'environnement. Ainsi il est clair aujourd'hui comme le montre l'étude Eden [4] que la trajectoire pondérale d'une femme avant une grossesse peut influencer la croissance du fœtus. Il n'y a aucune raison de penser qu'il n'en serait pas de même pour l'homme. En effet, les données, pour le mâle, s'accumulent

COMMENT LE GÉNOME DES ORGANES ADULTES RETIENT-IL LA MÉMOIRE DES ÉVÉNEMENTS PASSÉS ?

Selon le concept d'origine développementale de la santé et des maladies (DOHaD), les conditions environnementales au cours de périodes spécifiques du développement peuvent avoir des effets sur le destin cellulaire, l'organogénèse, les voies métaboliques et la physiologie, influençant ainsi la santé physique et mentale tout au long de la vie. Mais comment le génome des organes adultes retient-il la mémoire des évènements passés et ce, longtemps après l'impact de l'explosion ?

Grâce à leur flexibilité, les mécanismes épigénétiques constituent le lien entre les gènes, immuables dans leur séquence, et l'environnement, sans cesse fluctuant. Les marques épigénétiques portées par la séquence d'ADN (méthylation) et par les protéines auxquelles elle s'associe (modification des histones) constituent un mode d'archivage privilégié pour stocker la mémoire des événements, des adaptations, des apprentissages passés, quelle que soit leur nature, en altérant l'expression de jeux de gènes-clés de manière transitoire ou permanente. La structure du gène demeure, son expression varie. Lors de la division cellulaire, les marques épigénétiques sont fidèlement recopiées. Pourtant lors des étapes de la différenciation, afin de permettre la mise en route de programmes génétiques tissu-spécifiques, les marques changent, évoluent.

Les mécanismes épigénétiques représentent aussi un moyen pour l'individu de transmettre certains caractères acquis à sa descendance. Le premier « mode de transmission », de loin le plus étudié, est somatique. Il résulte de l'influence sur les cellules somatiques du fœtus et du nouveau-né, au cours des phases de développement, de perturbations métaboliques ou nutritionnelles ou d'un stress de la mère, pendant la grossesse et pendant l'allaitement. Il peut être réinitié à chaque grossesse et engendrer des effets multigénérationnels. Le second « mode de transmission » passe par la lignée germinale. Alors que les marques épigénétiques des gamètes s'effacent ou sont remises à zéro, au cours de deux phases, la différenciation sexuelle, et juste après la fécondation, ces effacements peuvent n'être pas complets et épargner quelques marques ayant mémorisé le vécu d'un ancêtre. L'altération de certaines marques dans les cellules germinales, sur certains gènes, pourrait ainsi être transmise à plusieurs générations successives. Mais on ne connaît ni les mécanismes épigénétiques en cause ni comment ces effets transgénérationnels peuvent persister (voire disparaître), ni sur combien de générations, selon la présence continue ou discontinue du facteur environnemental incriminé.

chez l'animal [5]. Ainsi les gamètes d'un couple présentant une obésité, un diabète, n'ont certainement pas les mêmes marques que celles d'un couple indemne de ces pathologies. Ces différences peuvent jouer un rôle dans l'augmentation persistante de l'incidence de l'obésité, constituant un véritable cercle vicieux.

L'épigénétique, l'interface entre gènes et environnement

Comment le génome des organes adultes retient-il la mémoire des événements passés et ce longtemps après l'impact de l'exposition [6, 7].

L'épigénétique étudie comment des modifications au niveau d'un ensemble de marques moléculaires, une sorte d'échafaudage autour des gènes, permettent de changer l'expression des gènes sans changement de la séquence de l'acide désoxyribonucléique (ADN), l'ossature immuable. « L'épigénétique, c'est l'ensemble de ces choses bizarres et merveilleuses que la génétique ne sait pas expliquer » (D. Barlow, Vienna). L'épigénétique intervient dans tous les mécanismes vitaux (transcription, réparation, réplication, condensation, inactivation d'un chromosome X, empreinte parentale, vieillissement). Ces processus jouent un rôle physiologique crucial chez tous les êtres vivants [8].

Grâce à leur flexibilité, les mécanismes et les marques épigénétiques constituent le lien, l'interface entre les gènes, immuables dans leur séquence, et l'environnement, sans cesse fluctuant. Les marques épigénétiques apposées sur la séquence d'ADN (méthylation) et portées par les protéines auxquelles elle s'associe (modification des histones) constituent un mode d'archivage privilégié pour stocker la mémoire des événements, des adaptations, des apprentissages passés, qu'ils soient de nature chimique (métabolique, nutriments, toxiques) ou non chimique (social, affectif, exercice, psycho-biologique), en altérant l'expression de jeux de gènes-clés et de réseaux de manière transitoire ou permanente [9].

Chaque cellule de notre organisme possède les mêmes 23 000 gènes, qui constituent notre patrimoine génétique, mais seule une fraction s'exprime, grâce aux modifications épigénétiques positionnées le long de notre génome qui, par analogie, représentent l'épigénome. Chaque cellule possède son épigénome, fonction du tissu auquel elle appartient, du stade de développement, de l'âge, du sexe, de l'état physiopathologique et des influences environnementales actuelles et passées de l'individu, autant de « paysages épigénétiques » différents.

De la même façon qu'il existe un code génétique, il existe un code épigénétique. Les marques épigénétiques sont portées par l'ADN (la méthylation du dinucléotide cytosine-guanine est la principale) et par les histones[16] auxquelles la molécule d'ADN est associée, qui présentent plus d'une centaine de modifications post traductionnelles (acétylation, méthylation, phosphorylation, etc.). Ces marques n'entraînent pas de modification de la séquence d'ADN (et donc, du génome) mais provoquent des changements de conformation de la chromatine (constituée de l'ADN et des histones) qui rendent l'ADN plus ou moins accessible à la machinerie transcriptionnelle et à des facteurs de transcription favorisant ou non l'expression de certains gènes [10].

Les processus épigénétiques sont essentiels pour le développement et la prolifération cellulaire. Un remodelage permanent de la chromatine et des marques laissées par la machinerie épigénétique au cœur de complexes

---

16. Les histones sont des protéines très riches en acides aminés basiques, que l'on trouve dans le noyau des cellules eucaryotes, elles sont les principaux constituants protéiques des chromosomes.

protéiques se produit aussi tout au long de la journée et de la vie sous l'influence des horloges (circadiennes, saisonnières) qui nous gouvernent et des environnements complexes (nutritionnels, sociaux) auxquels nous sommes soumis. Les marques épigénétiques sont les témoins des impacts environnementaux. La réversibilité des états modifiés de la chromatine est la condition essentielle des interactions avec l'environnement.

Les mécanismes d'interaction, la théorie des deux événements

Comment nos épigénomes fixent-ils les impacts de l'environnement ? Comment est-il possible pour un facteur environnemental de transmettre ses effets jusqu'à la chromatine pour influencer l'expression des gènes ? Les mécanismes connus à ce jour sont :

• la fixation d'un ligand (nutriment, hormones) sur un récepteur nucléaire (récepteur aux estrogènes, PPARs) qui interagissent avec la machinerie épigénétique et la chromatine ce qui entrainera l'expression ou l'inhibition d'un jeu de gènes spécifiques du récepteur impliqué ;
• l'interaction avec un récepteur transmembranaire qui déclenche l'activation d'une voie de signalisation spécifique ce qui entrainera l'expression ou l'inhibition d'un jeu de gènes spécifiques du récepteur impliqué ;
• l'interaction avec des éléments de la machinerie épigénétique en inhibant ou en activant par exemple des DNA méthyltransférases ou des histones désacétylases ; ou bien des enzymes impliqués dans des voies métaboliques-clé : ainsi, le métabolisme mono-carboné fournit les groupements méthyls nécessaires aux processus de méthylation. Ces facteurs environnementaux peuvent entrainer à l'échelle globale du génome des variations importantes de la méthylation de l'ADN ou de l'acétylation des histones touchant une grande diversité de séquences et pas seulement un jeu de gènes spécifiques [11].

Ces mécanismes fonctionnent différemment selon les âges de la vie et les facteurs environnementaux. L'activité du génome varie au cours du temps. Pendant la période d'organogénèse, le génome joue un rôle structurant qui peut être perturbé par certains facteurs. Il joue un autre rôle au cours des périodes de maintien et d'adaptation. Au cours de la vie fœtale et postnatale des perturbations de l'environnement intra-utérin ou dans la composition et la quantité du lait maternel, peuvent, par l'intermédiaire de modifications épigénétiques, entraver le bon fonctionnement des gènes, et ainsi perturber la formation des tissus et des organes au niveau somatique. Ces altérations peuvent être à l'origine d'une susceptibilité à une maladie.

Ainsi, dans un premier temps, l'environnement peut donc se comporter comme un acteur, contribuant à mettre en place une vulnérabilité ou une résistance (figure 16, planche III), tout comme notre génome. Mais contrairement à une susceptibilité génétique, cette caractéristique acquise précocement et qui constitue le premier événement, ne sera révélée, plus tard que dans un second temps sous l'effet d'un environnement délétère, l'organisme n'ayant plus toutes ses capacités intactes pour faire face à un environnement inadéquat. Si ce deuxième événement ne survient pas, la susceptibilité épigénétique restera « dormante ». Ainsi sans un environnement obésogène et quel que soit le degré de vulnérabilité ou de résistance, l'obésité n'apparaîtrait pas ! Une susceptibilité établie *in utero* peut être le départ d'un cercle vicieux si la fille qui l'a subie impose à son tour le même type de perturbations ou de comportements à son bébé, une fois devenue mère.

Réversibilité et irréversibilité

Les marques épigénétiques sont par nature sensibles aux interférences avec l'environnement, condition essentielle pour permettre l'archivage des événements passés de toute nature (expositions nutritionnelles, chimiques, affectives et sociales). Les marques épigénétiques sont donc a priori réversibles, les modifications de la structure chromatinienne étant essentielles pour les interactions entre la cellule et son environnement.

Cette caractéristique de réversibilité permet de concevoir la possibilité d'atténuer, voire d'effacer, les effets d'une malprogrammation épigénétique liée à un régime obésogène, par une alimentation saine et équilibrée pendant la gestation d'une femelle obèse et diabétique. Les souris étant génétiquement identiques et placées sous le même régime hypergras, 17 % des souris résistent à ce régime et ne grossissent pas, alors qu'à la deuxième génération 43 % des souris résistent et uniquement les femelles [12] (figure 16, planche III).

Mais cette réversibilité n'est pas toujours la règle. Depuis les toutes premières phases de la transformation des cellules souches totipotentes[17] en tissus spécialisés pour former les différents organes du fœtus (cœur, rein, pancréas, peau, etc.), des programmes épigénétiques spécifiques se mettent en route pour permettre les phases successives de différenciation cellulaire. Les marques développementales se construisent progressivement à partir de complexes moléculaires qui évoluent. Pendant ces périodes d'activité structurante, le génome subit une série de modifications épigénétiques qui assurent la modulation de l'expression des gènes nécessaires à la mise en place et au fonctionnement des tissus, au cours des processus de différentiation de l'embryogénèse. Des perturbations environnementales peuvent provoquer des déviations lors de l'embranchement vers tel ou tel lignage. Ces situations de non retour créent de nouvelles prédispositions ou des sensibilités acquises pour la vie, modulant les réponses immédiates et futures de l'individu tout au long de sa vie, voire des générations futures. Les

---

17. La totipotence est, en biologie, la propriété d'une cellule de se différencier en n'importe quelle cellule spécialisée et de se structurer en formant un être vivant multicellulaire (Source Wikipédia).

exposions précoces au décours des grandes phases de transition, comme celles du développement au cours de la gestation, constituent donc une situation particulière. De plus, les marques épigénétiques causales auront, pour la plupart, disparu au décours des phases ultérieures de différenciation.

Comme l'indiquent des travaux récents sur le diabète induit par une sous-nutrition gestationnelle, les marques épigénétiques peuvent devenir permanentes et irréversibles. Chez le rat, un retard de croissance intra-utérin déclenche des modifications épigénétiques des histones (désacétylation). Ce processus épigénétique se propage dans le temps. Il apparaît néanmoins encore réversible chez le rat âgé de deux semaines, tandis que chez le rat adulte, l'extension de la désacétylation entraîne une méthylation de l'ADN qui verrouille définitivement la modification épigénétique [13]. Il existe des outils épigénétiques qui peuvent, théoriquement, changer ces marques, mais du fait de l'évolution des marques avec le temps, il advient un moment où celles-ci deviennent irréversibles. Il pourrait donc exister des marques épigénétiques verrouillées. Du fait des changements venant se surajouter, ces marques ne sont plus que les « ombres » des modifications initiales, avec des trajectoires différentes selon qu'il s'agisse de mâles ou de femelles. Les marques s'auto-propagent : les marques originelles sont différentes des marques détectées plus tard. L'épigénétique est une construction en cours.

En dehors de ces périodes de transition, des marques épigénétiques assurent également, au quotidien, la transcription, la réparation, la réplication, la condensation, l'inactivation du chromosome X, l'empreinte parentale, le renouvellement des tissus et le vieillissement etc. Tout en gardant la capacité de mémoriser de façon stable certains impacts environnementaux, ces marques sont par essence réversibles et malléables, et, potentiellement activatrices ou répressives selon leur nature, leurs combinatoires au niveau local ou global, ou leur degré de verrouillage. Un remodelage incessant de la chromatine constituée de l'ADN et des histones et des marques laissées par la machinerie épigénétique au cœur de complexes protéiques se produit tout au long de la journée et de la vie sous l'influence des horloges (circadiennes, saisonnières) qui nous gouvernent et des environnements complexes auxquels nous sommes soumis [14].

Une autre étude in vitro montre que l'exposition de cellules endothéliales aortiques bovines à une forte concentration de glucose entraîne une augmentation de l'expression du facteur de transcription NF-kB[18] impliqué dans la modulation des gènes de l'inflammation. Ce phénomène est associé à des modifications épigénétiques caractéristiques qui persistent 6 jours après que les cellules aient été soustraites de leur environnement hyperglycémique. Cette mémoire de l'exposition à un pic hyperglycémique transitoire pourrait contribuer à expliquer que les sujets diabétiques continuent

---

18. NF-κB pour *nuclear factor-kappa B* est une protéine de la super-famille des facteurs de transcription impliquée dans la réponse immunitaire et la réponse au stress cellulaire.

de développer une inflammation et des complications vasculaires malgré une glycémie contrôlée [15]. Dans l'avenir, il faudra aussi comprendre comment les cellules parviennent à différencier une simple hyperglycémie post-prandiale, d'une hyperglycémie liée une intolérance au glucose, à un défaut de sécrétion d'insuline, ou à une insensibilité à l'insuline.

Se pose alors la question de la transmission de ces marques (par le père ou par la mère) à la descendance et leur contribution aux processus adaptatifs ou d'évolution.

Effets transgénérationnels ou multigénérationnels ?

À chaque génération, les marques épigénétiques s'effacent et se remettent en place au moment de deux phases importantes : la différenciation des gonades (cellules germinales) et après la fécondation (l'œuf fécondé, le zygote). Mais cet effacement n'est pas absolu : une minorité d'entre eux persistent permettant d'expliquer la transmission non génétique, mais épigénétique, par la lignée germinal [16, 17].

On peut en effet distinguer deux modes de transmission non génétique, somatique et/ou germinal. Ainsi le stress et le régime alimentaire de la mère pourront avoir différents types d'effets sur les cellules somatiques de l'embryon, du fœtus ou sur ses cellules germinales. Si l'effet est uniquement somatique, le phénotype ne s'observe qu'à la première génération, voire à la deuxième génération. Chez l'homme, l'existence de ces effets multigénérationnels, a bien été démontrée (Diéthylstilbestrol, Bisphénol A) [18]. Mais une seule étude, celle de la famine hollandaise (1945) a permis de décrire des altérations au niveau épigénétique [19]. Ces altérations n'apparaissent que pour les sujets ayant subi la restriction calorique pendant la période périconceptionnelle. Ces données soulignent l'importance de la fenêtre considérée. Une même diète, un même nutriment peut avoir des effets opposés bénéfiques ou délétères selon la fenêtre, mais aussi selon la concentration : le bon produit, au bon moment et à la bonne dose !

En revanche, pour affirmer qu'il s'agit bien d'un effet transgénérationnel passant par la lignée germinale, il faut observer un effet sur un minimum de trois générations. Ces effets transgénérationnels ont été observés jusqu'à la quatrième génération chez l'animal (notamment à la faveur d'expériences sur le rongeur). À ce jour il existe seulement quatre exemples avérés [16]. Bien qu'il existe des preuves indirectes de transmission épigénétique sur plusieurs générations par la lignée germinale, il n'y a pas encore de démonstration formelle du type de mécanisme épigénétique impliqué. Chez l'homme, l'existence de ces effets transgénérationnels, bien que légitimement suspectée, n'a pas encore été démontrée au niveau épigénétique.

Dimorphisme sexuel

Le rôle de l'épigénétique n'est plus à démontrer : l'archivage des impacts environnementaux délétères ou favorables, à tous les stades et pour tous les types de mémorisation, est responsable d'effets à long terme. Toutes ces marques et leurs conséquences phénotypiques sont souvent différentes selon qu'il s'agit d'un enfant de sexe mâle ou femelle ou que le parent déterminant soit le père ou la mère. Tout se manifeste avec un dimorphisme sexuel flagrant.

En fonction de la dose, du moment, des conséquences potentielles des marques et de leur évolution au cours du temps, les signatures transcriptomiques et épigénétiques et les phénotypes seront différents selon que la progéniture est mâle ou femelle. Le dimorphisme sexuel joue indéniablement un rôle beaucoup plus important qu'on ne le pensait, avec des trajectoires de réponse qualitativement et quantitativement différentes d'un sexe à l'autre [20, 21] (figure 17, planche III).

De plus les mécanismes transgénérationnels ne sont pas forcément les mêmes pour le père et pour la mère. Il peut y avoir une transmission uniquement par la lignée germinale mâle, de génération en génération. Des articles récents montrent que chez le rat, le jeûne, la restriction protéique ou la consommation d'un régime gras par le père avant le croisement peut aussi se transmettre à la progéniture, et différemment pour les mâles et les femelles [5].

De nouvelles combinaisons
pour le pire ou le meilleur ?

Allons-nous pouvoir modifier notre environnement pour rester en bonne santé et enrayer ce cercle vicieux ? Grâce à des choix à bon escient, à des changements de style de vie, basés sur les connaissances ? Plus que jamais, face à une telle complexité, une alimentation équilibrée s'impose !

Un gène (une cellule, un tissu, voire un sexe) ne pense pas, n'a pas de dessein intelligent. Ses capacités de réaction, d'adaptation à divers environnements et situations, sont, à un stade donné, étroitement dépendantes de ce que son échafaudage biologique, ses marges épigénétiques, lui permettent, balloté dans une direction ou une autre. Les limites auxquelles cela peut le conduire sans perdre tout contrôle ou mourir ont été déterminées à travers le long et lent processus de l'évolution, sous des fonds génétiques différents à travers le monde et selon la diversité des expériences au cours des âges. Mais le brassage génétique des populations continue, et, face à la complexité grandissante des environnements auxquels les générations actuelles sont confrontées, les doses, le moment et la durée d'exposition – de nouvelles combinatoires, alliant la génétique, l'épigénétique et les facteurs environnementaux, mais aux conséquences difficilement prédictibles, apparaîtront, pour le pire ou… pour le meilleur.

RÉFÉRENCES BIBLIOGRAPHIQUES

(1) MacAllister E.J., Dhurandhar N.V., Keith, S.W., *et al.*, 2009. Ten putative contributors to the obesity epidemic. *Crit. Rev. Food Sci. Nutr.*, 49 : 868-913.

(2) Barker, D.J.P., Osmond, C., 1986. Infant mortality, childhood nutrition and ischaemic heart disease in England and Wales. *The Lancet*, 327 : 1077-1081.

(3) Junien, C., Gallou-Kabani, C., Vigé, A., Gross, M., 2005. Épigénomique nutritionnelle du syndrome métabolique. *Med. Sci.*, 21. Spec n° 44-52.

(4) Diouf, I., Charles, M.A., Thiebaugeorges, O., *et al.*, 2009. In : *Sixth World Congress on Developmental Origin of Health and Disease,* Santiago, Chili, pp. Abstract.

(5) Fauquier L., 2011. Quand l'environnement du père influence l'expression génique chez l'enfant (When the father's environment influences gene expression in the child). *Med. Sci.*, 27 : 453-455.

(6) Jaenisch R., Bird A., 2003. Epigenetic regulation of gene expression: how the genome integrates intrinsic and environmental signals. *Nat. Genet.*, 33 Suppl : 245-254.

(7) Szyf M., 2009. The early life environment and the epigenome. *Biochimica et biophysica acta.*

(8) Bourc'his D., 2010. (Fundamentals of epigenetics). *Bull. Acad. Natl. Med.*, 194 : 271-281; discussion 281-275.

(9) Heijmans B.T., Tobi E.W., Lumey L.H., Slagboom P.E., 2009. The epigenome : archive of the prenatal environment. *Epigenetics*, 4 : 526-531.

(10) Kouzarides T., 2007. Chromatin modifications and their function. *Cell*, 128 : 693-705.

(11) Gabory A., Attig L., Junien C., 2011. Developmental programming and epigenetics. *Am. J. Clin. Nutri.*, 94 : 19-435-19-525.

(12) Attig L., Vigé A., Gallou-Kabani C., *et al.* (Submitted). Dietary alleviation of malprogramming across generations : metabolic, transcriptional, and epigenetic signatures of increased resistance to an obesogenic diet in mice

(13) Thompson R.F., Fazzari M.J., Niu H., *et al.*, 2010. Experimental IUGR induces alterations in DNA methylation and gene expression in pancreatic islets of rats. *J. Biol. Chem.*, 285 : 15-111, 15-118.

(14) Bellet M.M., Sassone-Corsi P. Mammalian circadian clock and metabolism - the epigenetic link. *J. Cell. Sci.*, 123 : 3837-3848.

(15) Siebel A.L., Fernandez A.Z., El-Osta A., 2010. Glycemic memory associated epigenetic changes. *Biochem. pharmacol.*, 80 : 1853-1859.

(16) Skinne M.K., Manikkam M., Guerrero-Bosagna C., 2010. Epigenetic transgenerational actions of environmental factors in disease etiology. *Trends Endocrinol Metab.*, 21 : 241-222.

(17) Dunn G.A., Morgan C.P., Bale T.L., 2010. Sex-specificity in transgenerational epigenetic programming. *Horm. Behav.*, 59 : 290-295.

(18) LeBaron M.J., Rasoulpour R.J., Klapacz J., *et al.,* Epigenetics and chemical safety assessment. *Mutat. Res.*, 705 : 83-95.

(19) Tobi, E.W., Lumey, L.H., Talens, R.P., *et al.*, 2009. DNA methylation differences after exposure to prenatal famine are common and timing- and sex-specific. *Hum. Mol. Genet.*, 18 : 4046-4053.

(20) Gallou-Kabani, C., Gabory, A., Tost, J., *et al.*, 2010. Sex- and Diet-Specific Changes of Imprinted Gene Expression and DNA Methylation in Mouse Placenta under a High-Fat Diet. *PLoS One*, 5, e14398.

(21) Gabory A., Attig L., Junien C., 2009. Sexual Dimorphism in Environmental Epigenetic Programming. *Molecular cellular endocrinology*, 25 : 8-18.

Adaptation et normes de réaction

Christian Frelin*

*Directeur de recherches CNRS, université de Nice Sophia-Antipolis.

Comment analyser la variabilité phénotypique et l'interaction qui existe entre les gènes et l'environnement ? Jusqu'à une date récente, nous adhérions à la thèse du « tout génétique » selon laquelle toutes nos propriétés – la couleur de notre peau, notre susceptibilité à certaines maladies, l'origine des comportements – étaient déterminées par des gènes. Cette vision a été critiquée il y a une vingtaine d'années par Richard Lewontin dans un fascicule intitulé *The doctrine of DNA* [2]. Elle a ensuite été ébranlée par le séquençage du génome humain qui a mis en évidence les limites du patrimoine génétique humain (23 000 gènes) et son insuffisance à expliquer la variabilité de la nature humaine.

La norme de réaction décrit la gamme des phénotypes produits par un même génotype dans des conditions environnementales différentes. Cette notion est due Woltereck [8] qui, en 1909, montrait déjà que les daphnies (petits crustacés) adoptaient une morphologie différente selon qu'elles étaient cultivées en présence ou pas de prédateurs. Les normes de réactions considèrent la relation qui existe entre un paramètre quelconque du phénotype et l'environnement. Cette notion est bien connue des botanistes. Par exemple, les hortensias de Bretagne sont bleus ou roses selon l'acidité du sol. Elle est aussi bien connue des médecins. La relation entre susceptibilité aux maladies cardiovasculaires et régime alimentaire n'est plus à démontrer.

La figure 18 illustre les différents cas qui peuvent être rencontrés. Le modèle drosophile est pertinent pour analyser les relations entre les gènes et l'environnement car on peut travailler avec des populations de mouches génétiquement homogènes. Par exemple, la survie des mouches est réduite si on les soumet à une anoxie de courte durée suivie d'une réoxygénation. Ce caractère phénotypique dépend du régime alimentaire auquel les mouches ont été soumises préalablement au stress hypoxique. Les mouches bien nourries sont plus sensibles à une anoxie que les mouches carencées [6]. Dans cet exemple un caractère phénotypique (la sensibilité à une anoxie-réoxygénation) dépend de l'environnement (le régime alimentaire).

Souvent, l'expression phénotypique est tout à fait indépendante de l'environnement. Les physiologistes parlent alors d'homéostasie, les biologistes de l'évolution parlent de robustesse phénotypique en opposition à la plasticité évoquée précédemment. La plasticité et la robustesse impliquent une variété de mécanismes à divers niveaux d'organisation du vivant (moléculaire, métabolique, physiologique, comportemental). Toutefois, une plasticité à un certain niveau d'organisation peut être associée à une robustesse au niveau supérieur. Par exemple, l'homéothermie (le maintien d'une température constante au niveau de l'organisme) dépend de mécanismes physiologiques d'adaptation à des températures trop basses (frissons, thermogenèse) ou trop hautes (sudation).

Un des cas les plus intéressants concerne l'interaction gène-environnement. La résistance des drosophiles à une anoxie – ré-oxygénation dépend de leur régime alimentaire. Cette relation n'existe pas chez les mouches *chico/chico* qui sont déficientes en signalisation d'insuline. Les homozygotes *chico/chico* sont insensibles à la nourriture et tolèrent beaucoup mieux une anoxie-réoxygénation. Autrement dit, les gènes impliqués dans la signalisation insuline sensibilisent les mouches à leur environnement (figure 19).

La robustesse phénotypique est parfois avantageuse. Elle permet au développement embryonnaire de s'effectuer de manière indépendante des conditions environnementales.

De la même manière une plasticité phénotypique peut aussi être avantageuse (figure 20). Elle permet par exemple à certaines espèces de survivre dans un milieu hétérogène ou de s'adapter à des conditions environnementales fluctuantes.

Les relations gène-environnement sont le plus souvent beaucoup plus complexes que celles présentées dans la figure 18[19]. Les normes de réaction sont en fait des paysages phénotypiques complexes et pas des relations linéaires [4]. Par exemple la longévité moyenne des drosophiles est une fonction complexe de la composition du régime alimentaire (quantité de sucre et de levure) des drosophiles sur leur longévité moyenne. Cette dernière varie entre 10 et 80 jours. Le paysage phénotypique est bouleversé si l'on considère d'autres paramètres phénotypiques tels que la tolérance hypoxique [5], l'accumulation de graisse [3], la reproduction [1].

Une restriction calorique augmente la longévité de la plupart des organismes, mais les effets bénéfiques d'une restriction calorique dépendent des conditions expérimentales. Une diminution simultanée de la quantité de sucre et de protéines dans l'alimentation augmente la longévité des mouches. Le même effet est observé avec si l'apport alimentaire en protéine

Figure 18
Expression phénotypique et environnement. Plusieurs phénotypes et plusieurs environnements.
La partie supérieure de la figure indique l'intérêt d'une représentation qui utilise les normes de réaction. La relation phénotype-environnement est illustrée pour différents génotypes (G1, G2, G3). La figure rend compte des notions de robustesse et de plasticité phénotypiques.

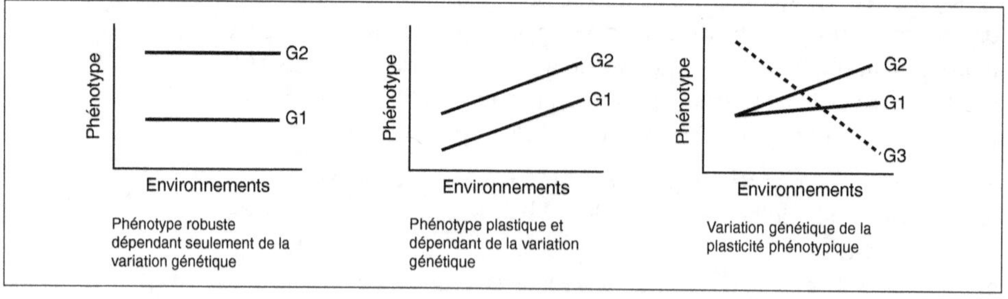

19. L'analyse statistique est une analyse de variance (ANOVA) où la variance a trois composantes : la variance liée aux allèles exprimés dans la population (V_G), la variance liée aux différents environnements rencontrés (V_E), la variance liée à l'interaction gène-environnement ($V_{G \times E}$). $V_{totale} = V_G + V_E + V_{G \times E}$.

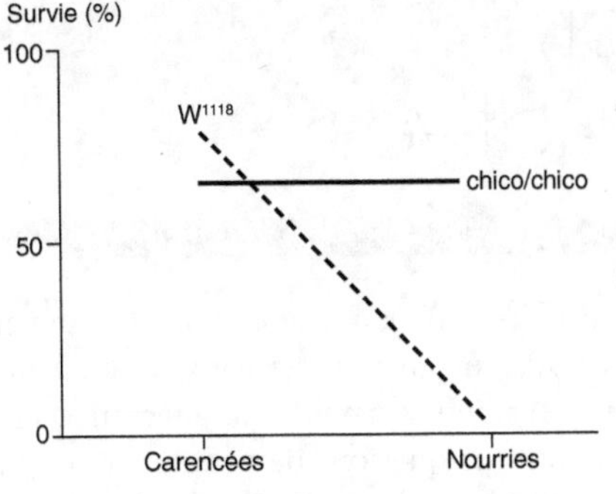

Figure 19
Un exemple de relation entre les gènes et l'environnement.
La survie de drosophiles (souche w1118) après une anoxie-réoxygénation est fortement dépendante de leur régime alimentaire. Les drosophiles dont la signalisation insuline est déficiente (chico/chico) sont insensibles à l'effet de la nourriture (7).

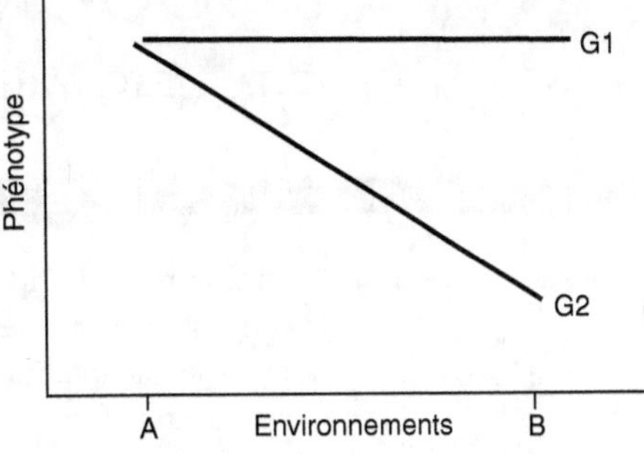

Figure 20
Intérêt de la robustesse.
Tous les environnements sont hétérogènes dans l'espace et dans le temps. G1, dont le phénotype est robuste, exploite les milieux A et B avec la même efficacité. Il est insensible au grain de l'environnement. En revanche, G2 sera défavorisé dans les conditions B. En des termes écologiques, G1 est un généraliste capable d'exploiter une variété d'environnement. G2 est un spécialiste.

est diminué. En revanche, une réduction de l'apport en sucre est sans bénéfice sur la longévité des animaux [4]. Ainsi, explorer l'ensemble des paysages phénotypiques pour identifier les gènes et les mécanismes responsables des effets bénéfiques de la restriction calorique est indispensable.

En conclusion, il est nécessaire de redonner une primauté au phénotype. Les organismes vivants ne sont pas des assemblages de fonctions ou de gènes. Les organismes vivants se développent et vivent en interaction constante avec leur environnement. L'opposition entre les gènes et l'environnement n'est pas pertinente. Bien au contraire, il faut considérer que les gènes sont les moyens que nos organismes utilisent pour s'adapter à leur environnement.

RÉFÉRENCES BIBLIOGRAPHIQUES

(1) Lee K.P., Simpson S.J., Clissold F.J. *et al.*, 2008. Lifespan and reproduction in Drosophila : New insights from nutritional geometry. *Proc. Natl. Acad. Sci. USA*, 105 : 2498-2503.

(2) Lewontin R., 1991. *Biology as ideology: the doctrine of DNA*. Penguin Books.

(3) Skorupa D.A., Dervisefendic A., Zwiener J. *et al.*, 2008. Dietary composition specifies consumption, obesity, and lifespan in Drosophila melanogaster. *Aging Cell.*, 7 : 478-490.

(4) Vigne P., Frelin C., 2007. Diet dependent longevity and hypoxic tolerance of adult Drosophila melanogaster. *Mech. Ageing Dev.*, 128 : 401-406.

(5) Vigne P., Frelin C., 2007. Plasticity of the responses to chronic hypoxia and dietary restriction in an aged organism: evidence from the Drosophila model. *Exp. Gerontol.*, 42 : 1162-1166.

(6) Vigne P., Frelin, C., 2006. A low protein diet increases the hypoxic tolerance of Drosophila. *PLoS One* 1, e56.

(7) Vigne P., Tauc M., Frelin C., 2009. Strong dietary restrictions protect Drosophila against anoxia-reoxygenation injuries. *PLoS One* 4, e5422.

(8) Woltereck R., 1909. Weitere experimentelle untersüchungen über artveränderung, speziell über das wesen quantitativer artunterschede bei daphniden. *Verhandlungen der Deutschen Zooligischen Gesllschaft*, 19 : 110-172.

L'adaptation et ses alternatives

Guillaume Lecointre*

*Professeur au Muséum national d'histoire naturelle, directeur du département Systématique et Évolution, chef d'équipe dans l'unité mixte de recherche Systématique, adaptation, évolution.

L'homme peut-il s'adapter à lui-même ? Il convient d'abord distinguer le verbe s'adapter et le fait d'être adapté, puis, les alternatives à ces deux facettes de l'adaptation. Car d'une manière générale, sans alternative à ce que nous appelons l'adaptation, nous risquerions de manifester ce que S.J. Gould et R. Lewontin ont appelé le « syndrome de Pangloss », c'est-à-dire la croyance que tout est pour le mieux dans le meilleur des mondes. En réalité, aucun corps biologique n'est parfait du point de vue de son aptitude fonctionnelle. D'ailleurs, la notion de perfection n'est pas une notion scientifique mais une appréciation de valeur.

Dans le vocabulaire courant, une adaptation est tantôt associée aux phénomènes populationnels (le verbe s'adapter), tantôt au résultat de ces phénomènes (l'état d'être adapté). Les biologistes qui travaillent dans les sciences des processus, les sciences du « comment ça marche », s'intéressent surtout aux mécanismes qui génèrent ces phénomènes. Dans ces sciences, la connaissance des causes permet de prédire les effets. En science des structures, les sciences du « qu'est-ce que c'est » et « d'où ça vient », c'est à partir des effets constatés qu'on infère les causes possibles. Les biologistes s'attacheront alors à interpréter, par l'histoire, le fait d'être adapté. Ces deux sciences sont les prismes à travers lesquels sont étudiées les adaptations.

Intéressons-nous au premier des deux prismes, celui des processus. L'adaptation en tant que phénomène à l'œuvre est l'acquisition d'un trait avantageux par la voie de la sélection naturelle (la variation puis la sélection). En 1979, S. J. Gould et R. Lewontin publient une critique du programme adaptationniste, qu'ils qualifient de programme quasiment « panglossien »[20] parce qu'il postulait l'optimalité fonctionnelle et son unique cause sélective à propos de tout [1]. Par exemple, l'attitude adaptationniste expliquait l'accouchement par le clitoris des hyènes tachetées - qui disposent d'un clitoris péniforme et d'un vagin obturé - par le fait que l'obturation du vagin était une adaptation contre le viol. La critique de l'adaptationnisme est d'abord une critique de l'atomisation de l'organisme. S. J. Gould et R. Lewontin reprochaient à ce « programme » l'oubli du fait qu'un organe qu'on interprète n'est pas isolé du reste de l'organisme et qu'une structure en apparence inexplicable peut avoir ses déterminants sélectifs ailleurs dans l'organisme, voire une simple contrainte architecturale de construction. Pour Gould et Lewontin, il ne faut pas oublier ces

---

20. Dans *Candide ou l'optimisme*, le conte philosophique de Voltaire, Pangloss est l'optimiste, défenseur inconditionnel de la philosophie.

contraintes architecturales, qui résultent du simple fait que le développement du corps biologique est soumis aux lois de la chimie et de la physique, sous peine de proférer des inepties. Ils citent à cet égard le paléontologiste allemand Adolph Seilacher qui, en 1970, avait préconisé de s'intéresser aux trois pôles suivants d'un trait : son pôle adaptatif, sa contrainte architecturale et son héritage historique. Un exemple de contrainte architecturale explique la grande taille de certains pinsons des Îles Galápagos. La pression sélective s'opère au niveau de leur bec. Certaines ressources alimentaires ne sont accessibles qu'en ayant un bec d'une certaine puissance, et donc d'une certaine taille. Or un bec de grande taille ne peut qu'appartenir à un individu plutôt grand. La taille du corps « suit », sélectivement parlant, la taille du bec. La contrainte architecturale (structurale) s'exprime dans l'embryon et au cours du développement. Gould et Lewontin ont affirmé, en somme, la nécessité de ne pas s'enfermer dans le pansélectionnisme et de tester des alternatives à l'adaptation lorsque l'on se trouve en situation d'interpréter les causes de la présence d'une structure.

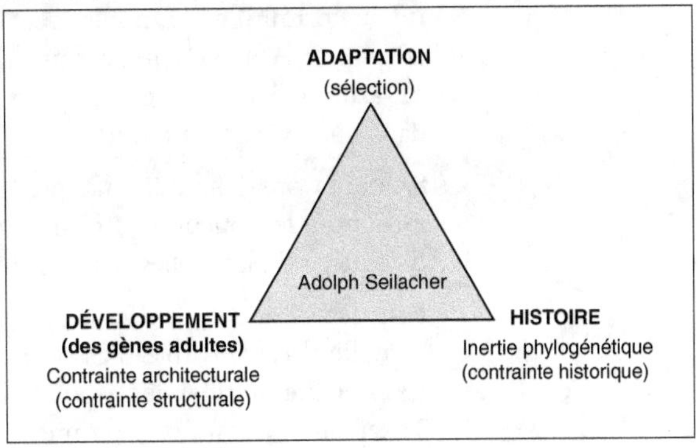

Par quel moyen, autre que l'adaptation, pouvons-nous évoluer ? Quelles sont les alternatives de la sélection naturelle ? La dérive génétique est souvent opposée à la sélection naturelle, alors qu'elle n'en est pas vraiment une alternative, mais une hypothèse nulle. Elle décrit la fixation d'allèles dans une population par fluctuation aléatoire des fréquences au fil des générations. Plus l'effectif reproducteur est faible, plus l'importance relative des fluctuations est forte. Ainsi, dans de petites populations, il est possible de fixer des traits sans que ces derniers ne soient porteurs d'un quelconque avantage. C'est ainsi que l'on comprend la perte des hémoglobines chez les téléostéens antarctiques du plateau continental : ce trait s'est fixé probablement dans une petite population ancestrale isolée par la fragmentation du plateau en raison de l'avancée extrême du glacier lors de l'une des dernières glaciations.

Figure 21
Critique de l'adaptationnisme et retour à l'embryon.

La maladaptation, en tant que mécanisme, constitue un troisième processus de maintien d'un état non adaptatif, dans le sens où les traits retenus ne sont pas avantageux. Cette maladaptation se manifeste lorsque la pression de sélection se déploie sur une dimension géographique de même ordre que celle des capacités dispersives. Les moules de la rivière Hudson illustrent cette situation. Rappelons que chez ces moules, les larves se dispersent mais les adultes vivent fixés à un endroit unique. La population des moules adultes proches de l'embouchure, où la salinité est forte, est porteuse à 55 % de l'allèle Lap14 (qui augmente la capacité de dégradation des protéines dans le milieu intracellulaire, ce qui permet aux cellules de supporter des salinités fortes). La décroissance progressive de la salinité jusqu'au fond de l'estuaire s'accompagne d'une décroissance de la présence de l'allèle Lap14 dans les populations d'adultes. Toutefois, la représentation de cet allèle est plus forte chez les larves que chez les adultes qui arrivent à se fixer au fond de l'estuaire, ce qui prouve que la mortalité au cours du développement est importante. L'état de la situation est stable, mais la colonisation du fond de l'estuaire se paie au prix d'une forte mortalité.

Abordons maintenant l'adaptation selon le second prisme, celui des résultats d'une histoire. Les arbres que nous construisons établissent des rapprochements des degrés d'apparentement, à partir des traits partagés par les différentes espèces. Les arbres sont construits sur la base de caractères. Un caractère est une collection d'attributs sur lesquels nous produisons des hypothèses d'homologie. Pour un caractère défini il existe toujours un état primitif et au moins un état dérivé. En science des structures, les adaptations sont conçues comme des traits dérivés qui apparaissent dans un arbre d'évolution et auxquels sont associées des fonctions dérivées dans un environnement donné.

Si nous savons définir des états primitifs et dérivés pour les structures, qu'en est-il pour les fonctions, sachant qu'au cours de l'évolution il est possible d'acquérir de nouvelles structures sans acquérir de nouvelles fonctions ?

Pour la science des structures, l'adaptation est une structure dérivée à laquelle il est possible d'associer une fonction dérivée. Typiquement, les protéines antigel des « poissons antarctiques » sont des adaptations. L'exaptation consiste à avoir une structure primitive qui change de fonction sans addition de nouvelle structure. Par exemple, la plume des dinosaures théropodes servait à autre chose qu'au vol lorsqu'elle est apparue. Notre pouce opposable nous sert, depuis ses origines, à la préhension manuelle, mais plus tard il a aussi servi à faire de l'auto-stop sans pour autant changer de forme. La transaptation concerne une structure dérivée qui conserverait une fonction primitive. L'œil des primates, et sa vision dérivée des couleurs, reste fondamentalement un œil de vertébré. Ces

Figure 22
La maladaptation.
Effets du couple « sélection + dispersion » à des échelles spatiales comparables.

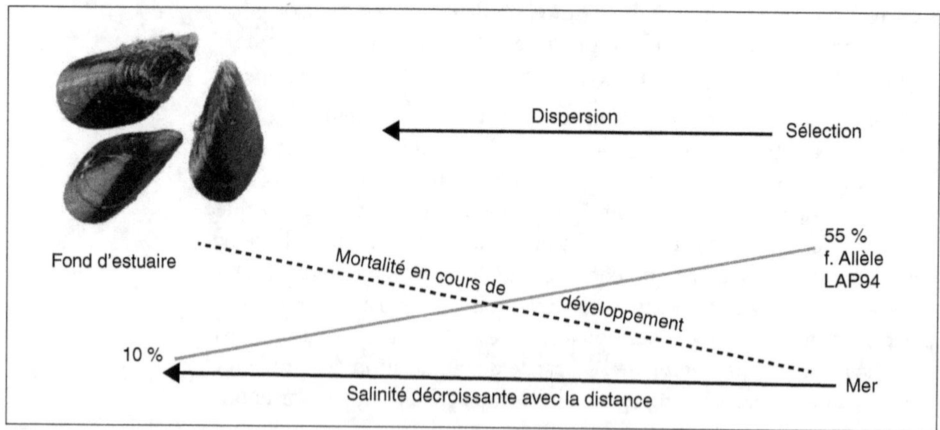

distinctions sont délicates. La différence entre une transaptation et une adaptation ne dépend en fait que de l'échelle considérée. Une adaptation à petite échelle (vision des couleurs à l'échelle des primates) apparaît à grande échelle comme une transaptation (vision tout de même, fondée sur un œil de vertébré). La notion de préadaptation, qui exprime le fait qu'une structure primitive (la main du toupaye) est dotée d'une fonction primitive (main semi-arboricole non préhensile) n'est pas très utile, et présente des relents téléologiques. Il s'agit de signifier un état des lieux « en attente » d'une évolution.

Structures et fonctions d'adaptation		
	Fonction primitive	Fonction dérivée
Structure primitive	Préadaptation (la main des toupayes)	Exaptation (le pouce opposable de l'auto-stoppeur)
Structure dérivée	Transaptation ou perfectionnement de la fonction globale (l'œil des primates)	Adaptation (le pouce opposable préhensible)

Si nous considérons les alternatives aux adaptations sous l'angle des sciences des structures, il faut commencer par évoquer l'inertie phylogénétique, le troisième pôle d'interprétation d'Adolph Seilacher. Une bonne illustration de l'inertie phylogénétique est le trajet curieux, tortueux, du nerf phrénique qui innerve le diaphragme. Celui-ci ne peut pas être compris selon une approche adaptationniste, où ce trajet « servirait » forcément à quelque chose, mais selon une approche historique du corps. En effet, le nerf phrénique est l'homologue d'un nerf qui, il y a 380 millions d'années, partait de la base du crâne d'animaux qui ressemblaient à des poissons et qui allait irriguer les blocs musculaires qui se trouvaient dans la corbeille branchiale. Ces blocs musculaires ont été recrutés dans d'autres fonctions depuis cette époque, et n'ont cessé de reculer au cours de l'évolution, jusqu'à la position actuelle du diaphragme. Le nerf, de proche en proche, a « suivi » ce trajet.

La bipédie humaine, si coûteuse en énergie lorsqu'on la compare à celle des oiseaux, si problématique en raison du tassement de la colonne vertébrale, est également le fruit d'une contrainte historique. Il est aujourd'hui de plus en plus clair que le dernier ancêtre commun à un certain nombre d'anthropoïdes (homme, chimpanzé, gorille, orang-outang, gibbons) devait posséder un répertoire locomoteur multiple, incluant la brachiation, la bipédie et certaines formes de déplacement quadrupèdes. Les problèmes induits par la verticalité de notre colonne vertébrale auraient pour origine le fait que celle-ci a été d'abord une verticalité en extension (le corps étant « pendu » par les bras lors de la brachiation) avant de devenir une verticalité en compression, au sol.

Enfin, la dernière alternative à l'adaptation serait la désaptation. Celle-ci concernerait les traits dérivés dont on pourrait montrer qu'ils sont moins performants ou moins avantageux que l'état primitif correspondant dans le même environnement. Les pertes multiples des hémoglobines et des myoglobines cardiaques chez les poissons téléostéens antarctiques de la famille des Channichthyidae est un exemple de désaptation : il a été montré que ceux des Channichthyidae qui ont conservé leurs myoglobines cardiaques s'en servent vraiment et que, probablement, les espèces très proches cousines qui les ont perdues l'ont fait à partir d'un état primitif fonctionnel.

LA MALADIE EST-ELLE UNE DÉSAPTATION OU UNE MALADAPTATION ?

Sachant que nous sommes adaptés pour ne pas être affectés par les germes pathogènes qui vivent dans nos intestins, on peut voir la maladie comme une maladaptation puisque dans certains cas, les contraintes sélectives s'expriment dans un espace géographique et temporel qui sont les mêmes que ceux des capacités de dispersion des germes et des humains.

Certains discours naïfs ont tendance à rouvrir la boîte de Pandore du lamarckisme en faisant référence à certains processus épigénétiques mais la vraie différence entre la pensée lamarckienne et la pensée darwinienne ne se situe par sur l'hérédité des caractères acquis. Si pour Lamarck le variant apparaît au besoin de l'individu qui le manifeste, Darwin considère que la variation apparaît indépendamment des besoins de l'organisme. Une épigénétique moderne n'implique pas que le variant apparaisse nécessairement en vertu du besoin de celui qui le porte.

Le concept d'héritage phylogénétique renvoie à de vieux caractères remodelés par des trajectoires historiques. C'est une question d'homologie et c'est une question de temps. D'homologie d'abord : le nerf phrénique humain est-il en tout point identique à son homologue chez un lézard ? Non. Le verbe « perdurer » est donc tout relatif. Mais l'inertie phylogénétique signifie que la disposition particulière de ce nerf s'explique par l'histoire, et non en termes d'optimalité fonctionnelle ici et maintenant le trajet de ce nerf est tel que nous avons parfois le hoquet, ce qui n'a rien d'« adaptatif ». Question de temps ensuite : nous envisageons l'adaptation selon différentes échelles de temps. L'héritage phylogénétique fait souvent référence à des traits avantageux ou neutres étant apparus à une période très ancienne, mais dont le caractère avantageux n'a pas nécessairement perduré. En fait, il s'agit d'une cause sélective très ancienne et aujourd'hui évanescente.

Dans le vocabulaire courant, nous attribuons la notion d'adaptation à des traits isolés, à des individus ou à des populations. Mais qu'est-ce qui est « adapté » ? Des traits isolés ? Des individus ? Des populations ?

En sciences des processus, celles du « comment ça marche ? », l'adaptation doit être conçue à l'échelle populationnelle : c'est l'acquisition d'un trait avantageux par voie de sélection naturelle. Dans ce cadre-là, si la notion d'adaptation est attribuée à trait isolé, cela présente un « risque » lamarckien, car elle sous-entend que le trait apparaît, dicté par le milieu. Pour Lamarck un trait nouveau (nous dirions aujourd'hui une mutation) apparaît en vertu des besoins de son porteur. Si la notion d'adaptation, en tant que processus, est attribuée à un individu au lieu d'une population, on parle alors d'individu plastique et de processus d'acclimatation d'individus dans des conditions environnementales particulières.

En sciences des structures, celles du « qu'est-ce que c'est ? » et « d'où ça vient ? », il faut aussi considérer l'adaptation à l'échelle populationnelle, où elle est l'acquisition d'un trait dérivé auquel on associe une fonction dérivée. Si nous parlons d'adaptation dans ce champ-là en ne parlant que d'un trait isolé, le risque est « panglossien », car en oubliant la contrainte phylogénétique et la contrainte architecturale, les effets de bord, tout trait isolé constaté *a posteriori* s'associe forcément d'une raison fonctionnelle non testée, « pour » le meilleur fonctionnement de l'espèce ou de l'individu. Si nous parlons d'adaptation en parlant d'individus, nous parlons alors de caractères acquis au cours de la vie d'un individu, constatés a posteriori. Pour échapper à toutes ces ambiguïtés dans l'usage de la notion d'adaptation, il est donc nécessaire de réserver le terme d'adaptation à l'échelle populationnelle, que nous soyons en sciences des structures ou bien en sciences des processus.

Qu'est ce qui est « adapté » ?		
	En science du « Comment ça marche ? »	En science du « D'où ça vient ? »
Trait isolé	Risque lamarckien	Risque panglossien
Individu	Plasticité	Caractère acquis
Populations	Acquisition d'un trait par sélection naturelle	Trait dérivé auquel est associée une fonction dérivée

Ces considérations générales nous amènent à considérer le corps humain comme une mosaïque où se mêlent maladaptations, transaptations, exaptations et adaptations, contraintes historiques et contraintes architecturales.

Non, tout n'est pas « adapté ».

RÉFÉRENCES BIBLIOGRAPHIQUES

(1) Gould S.J., Lewontin R., 1979. The spandrels of San Marco and the Panglossion paradigm : a critique of the adaptationist programme. *Proc. R. Soc. London*, B205, 1161 : 581-598.

Mathématiques et modèles phylogénétiques

Cédric Villani*

*Professeur à l'université Claude Bernard Lyon I, directeur de l'Institut Henri Poincaré, médaille Fields de mathématiques 2010.

Ce chapitre porte sur un sujet dans lequel la biologie et les mathématiques s'entendent à merveille. Si les rapports entre les mathématiques et la physique sont parfois houleux, ceux entre biologie et mathématiques ont historiquement été quelque peu tièdes, avec quelques exceptions notables. Deux citations sur ce thème.

La première est de d'Arcy Thompson (1860-1948) : « Le mouvement brownien est le plus important des phénomènes fondamentaux par lesquels les biologistes ont contribué à la physique » [1]. Le mouvement brownien, identifié par le botaniste Francis Brown comme un phénomène physique fondamental, constitue maintenant un chapitre entier des probabilités, dans lequel la France s'illustre bien d'ailleurs – comme le montre la médaille Fields de Wendelin Werner en 2006.

La seconde citation, de Gian-Carlo Rota (1932-1999), mathématicien au *Massachusett Institute of Technology* (MIT), est plus sombre : « Le manque de contacts réels entre biologie et mathématiques est soit une tragédie, soit un scandale, soit un défi, c'est dur de décider lequel » [11].

Vingt-cinq ans plus tard, la position de Rota n'est plus guère tenable si ce n'est sur un mode polémique. De nouveaux exemples importants d'enrichissement mutuel entre biologie et mathématique sont apparus, et celui que je vais développer en est un. Pour prendre connaissance d'autres exemples et réévaluer la citation de Rota, on pourra consulter par exemple le texte de Bernd Sturmfels [12] présentant des théorèmes en combinatoire, algèbre et géométrie, inspirés par des problèmes biologiques, ou encore les textes de Steve Evans tels que [5] ou [6].

La représentation du vivant par la phylogénie

Le problème que j'aborde est la reconstitution de l'arbre du vivant. La représentation que nous voyons sur la figure 23 est très ancienne, elle date de quelques années seulement après *L'origine des espèces* [3]. Depuis, cet arbre, l'arbre phylogénique, a été considérablement remanié. Certains considèreront que cette représentation n'est pas pertinente car il n'existe pas un seul arbre du vivant, et les transferts latéraux, entre organismes unicellulaires, par exemple, n'y sont pas représentés. Restons pourtant dans une représentation arborescente qui, de nos jours, ressemble plutôt à la figure 24.

L'arbre est toujours en évolution et de nombreuses interrogations ou controverses demeurent. Partons par exemple d'un article récent [3], que je vais commenter. Les auteurs de cet article essaient de déterminer si les eucaryotes[21] sont plus proches des bactéries ou des archées[22] : c'est un remaniement de l'arbre phylogénique. Pour chercher à répondre à de telles questions, historiquement on a d'abord utilisé des critères morphologiques, puis des données issues de la microscopie. Désormais, c'est surtout l'acide désoxyribonucléique (ADN) qui est nécessaire pour reconstruire des formes d'arbres : la comparaison des séquences génétiques a donné naissance à un corpus considérable de méthodes et problèmes, passés en revue dans les magistraux ouvrages de Felsenstein [7, 8].

Comment décide-t-on qu'un arbre est « meilleur » qu'un autre ? On peut considérer que le meilleur arbre est celui qui implique le moins de changements ; on peut aussi utiliser une comparaison par distance en considérant tous les individus deux à deux et en construisant un arbre qui expliquerait au mieux ces distances ; une troisième méthode, la plus intéressante du point de vue mathématique, consiste à utiliser des modèles statistiques : il s'agit de l'approche bayésienne, visant à attribuer à chaque arbre une probabilité, tenant compte de nos observations.

Dans le cas présent, les auteurs ont identifié, chez une cinquantaine d'espèces, 3 000 gènes ou séquences d'ADN suffisamment comparables. Il faut alors traiter l'information de quelques 150 000 séquences afin d'en déduire quelles espèces sont proches et reconstituer ainsi une probable généalogie.

En théorie, pour chaque histoire phylogénétique, on peut en appliquant les lois habituelles de la mutation et de la transmission, régies par l'aléatoire, calculer la probabilité d'aboutir à un certain jeu d'observations. Pourquoi donc ne pas tester tous les arbres et retenir celui qui donne la plus grande probabilité aux observations ? Une sorte d'avatar du rasoir d'Occam[23]. Las, le nombre d'arbres possibles est de 1 076, un nombre phénoménal, qui n'est pas loin de certaines estimations du nombre de noyaux dans l'univers. Il n'est donc pas possible de tester toutes ces combinaisons, et il faut faire appel à des méthodes statistiques.

La méthode de Monte Carlo par la chaîne de Markov

En statistique bayésienne, on commence avec une idée *a priori* de la distribution des probabilités, puis on tient compte des observations pour modifier l'idée que l'on se faisait au départ. Ce remplacement d'une distribution *a priori* par une distribution *a posteriori* s'effectue par la formule de Bayes

---

21. Eucaryote : organisme vivant qui se caractérise par la pérsence d'un noyau et de mitochondries dans ses cellules.

22. Archée : micro-organisme unicellulaire ne présentant ni noyau ni élément intracellulaire.

23. Principe selon lequel « les hypothèses les plus simples sont les plus vraisemblables ».

(apparemment due à Laplace) : étant donné une probabilité *a priori* sur les arbres, si l'on sait calculer pour chaque arbre la probabilité de l'observation, on peut en déduire la probabilité de l'arbre sachant l'observation :

$$P\big[\text{Arbre sachant Obs}\big] = \frac{P\big[\text{Arbre} \to \text{Obs}\big] = P\big[\text{Arbre}\big]}{\sum_{\text{arbres}} P\big[\text{Arbre} \to \text{Obs}\big] = P\big[\text{Arbre}\big]}$$

Mais que faire de la somme monstrueuse, apparaissant au dénominateur, qui porte sur tous les arbres possibles ? Une astuce désormais classique consiste à utiliser le célébrissime algorithme de Métropolis [10] qui permet de simuler la probabilité *a posteriori* (c'est-à-dire générer une suite d'arbres distribués selon cette probabilité, ou peut s'en faut) sans calculer le dénominateur de la formule de Bayes. Comment fait-on ? On part d'un arbre arbitraire, et on saute aléatoirement vers un autre arbre ; si cet autre arbre est « meilleur » (s'il attribue une vraisemblance plus importante aux données observées) alors on l'adopte ; s'il est moins bon, on se réserve la possibilité de changer quand même, mais avec une probabilité qui est égale au quotient des vraisemblances. Cette procédure peut ensuite être itérée indéfiniment : la succession des arbres constitue une chaîne de Markov.

Cette procédure est remarquablement universelle. Le changement d'état, en ce qui concerne des arbres, consiste à ajouter ou retirer des branches, augmenter ou diminuer la longueur des branches — c'est-à-dire le nombre de mutations — ou encore couper une branche et la placer ailleurs, ce qui n'a pas de sens biologiquement, mais qui en a du point de vue mathématique.

L'utilisation initiale de l'algorithme de Métropolis permettait de simuler une distribution uniforme de sphères, en physique; elle a abouti à la découverte de l'un des mystères les plus célèbres de la physique statistique : la transition de phase des sphères dures. Durant des décennies, des recettes

**Figure 23
Arbre du vivant
représenté en 1866
par Ersnt Haeckel**
Source : David M. Hillis, Derrick Zwickl, and Robin Gutell, University of Texas

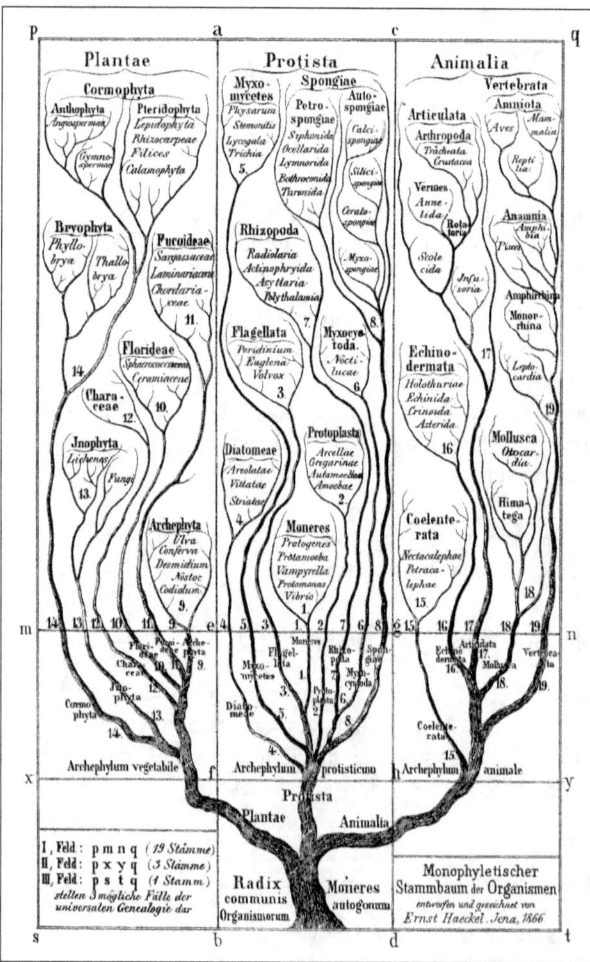

de cuisine plus ou moins performantes ont été développées pour améliorer son efficacité et des programmes informatiques ont été écrits pour rendre son utilisation automatique. Les auteurs de l'article utilisent un tel programme, désigné *MrBayes*, et détaillent les recettes qu'ils ont appliquées.

Je n'en dis pas plus sur l'utilisation de ce formalisme statistique sans lequel le problème serait désespéré ; il n'est pas exagéré de dire que l'algorithme de Métropolis s'est imposé comme l'un des outils scientifiques majeurs du vingtième siècle. Pourtant, une bonne analyse probabiliste de cet algorithme est toujours manquante. Tout récemment, la rencontre de techniques analytiques et probabilistes a engendré une série d'articles remarquables [4]. La convergence de l'algorithme de Métropolis y est analysée pour le cas simple d'un domaine « avec des coins » dans l'espace euclidien, muni de la probabilité uniforme, et que l'on explore avec une chaîne de Markov toute simple : partant d'une position, on saute au hasard dans la boule de rayon r environnante, avec r très petit.

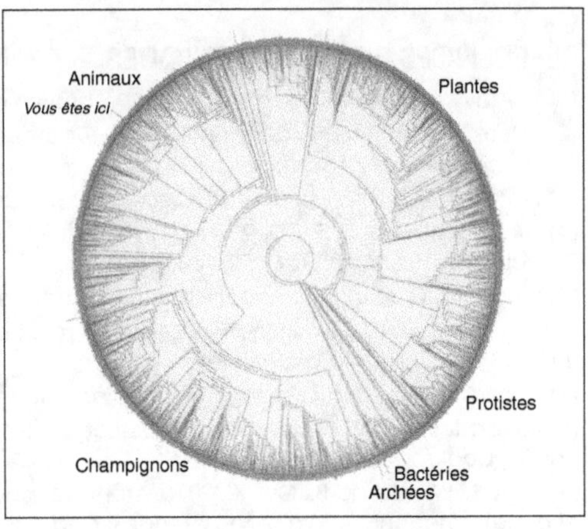

Figure 24
Arbre du vivant selon Hillis D.M
Source : David M. Hillis, Derrick Zwickl, and Robin Gutell, University of Texas

Le modèle est si simple qu'il ferait sourire bon nombre de spécialistes de l'algorithme de Métropolis ; en outre, ces estimations ne s'appliquent que dans un régime où le rayon est minuscule, de sorte que la convergence est beaucoup trop lente. Et pourtant, les techniques mathématiques mises en jeu dans la démonstration de ce cas simplifiés sont d'une complexité phénoménale.

L'analyse mathématique d'une situation biologiquement pertinente semble bien lointaine ; la mathématique est donc incapable de bien comprendre le « monstre » si puissant qu'elle a engendré, et ne peut que reconnaître son impertinente efficacité.

Sans préjuger de développements futurs, pour avancer dans la compréhension de l'algorithme de Métropolis appliqué à la reconstruction phylogénique, il faudra certainement progresser dans l'étude géométrique de l'espace des arbres, l'espace dans lequel se meut la chaîne. On trouvera un exemple de telle étude géométrique dans [2] : l'espace des arbres y est décrit comme un espace singulier de courbure négative, ce qui permet d'affirmer par exemple l'unicité d'un « milieu », arbre intermédiaire entre deux arbres donnés. Je n'en dis pas plus sur ce sujet encore mal compris, qui nécessiterait de nombreux développements.

Ainsi le problème, parti des mathématiques vers la biologie, est revenu aux mathématiques, dans un esprit de respect mutuel, laissant le mathématicien bien conscient de l'étendue de l'inconnu. Après tout, curiosité, patience, inventivité et humilité sont les qualités cardinales du mathématicien.

RÉFÉRENCES BIBLIOGRAPHIQUES

(1) D'Arcy Wentworth Thompson, 1917. On growth and form. Cambridge UK University Press.

(2) Billera L., Holmes S., Vogtmann K., 2001. Geometry of the Space of Phylogenetic Trees. *Advances in Applied Math.*, 27 : 733-767.

(3) Darwin C.R., 1992. *L'origine des espèces.* GF Flammarion.

(4) Diaconis P., Lebau G., 2009. Geometric Analysis of the Metropolis algorithm on Lipschitz Domains. *Invent. Math.*, 134 : 251-300.

(5) Evans S.N., 2005. Fourier analysis and phylogenetic trees. Survey article.

(6) Evans S.N., 2010. Discriminating between microbial populations. Conference proceeding, University of California at Berkeley.

(7) Felsenstein J., 2004. *Inferring Phylogenies.* Sinauer Associates, Sunderland, Mass.

(8) Felsenstein, J., 2011. Theoretical Evolutionary Genetics (http://evolution.genetics.washington. edu/pgbook/pgbook.html).

(9) Kelly S., Wickstead B., Gull K., 2010. Archaeal phylogenomics provides evidence in support of a methanogenic origin of the Archaea and a thaumarchaeal origin for the eukaryotes. *Proc. Royal Society London B.*, sept. 2010.

(10) Metropolis N, Rosenbluth AW, Rosenbluth MN, *et al.*, 1953. Equations of state calculations by fast computing machines. *J. Chem. Physics*, 21 : 1087–1092.

(11) Kac M., Rota G.-C., Schwartz J., 1986. *Discrete Thoughts.* Birhauser Boston Inc.

(12) Sturmfels B. Can Biology lead to new theorems? Seminar notes, (math.berkeley.edu/~bernd/ ClayBiology.pdf)

Sélection et coopération

Pierre-Henri Gouyon*

*Professeur au Muséum national d'histoire naturelle, laboratoire Origine, structure et évolution de la biodiversité.

Notre vision de l'adaptation vient du processus darwinien dans lequel il y a à la fois une variation et un tri des organismes par la nature. La sélection dont il sera question ici est complexe et se joue à l'échelle des individus. La question est de savoir si la sélection produit une optimisation et si oui, à quelle échelle ? Dans de nombreux cas, la maximisation des intérêts individuels n'aboutit pas à une optimisation de l'ensemble comme nous le démontre la théorie des jeux.

August Weissman (1834-1914) a montré que nous ne transmettions que ce que nous recevions, c'est-à-dire la moitié de notre patrimoine génétique [4]. Aujourd'hui, la vision génétique et la vision évolutive ont été réunies dans la démarche de construction des arbres phylogéniques. Seules les informations génétiques se transmettent au cours du temps. La sélection naturelle ne fait que favoriser les informations génétiques qui ont fabriqué les organismes qui les reproduisaient le mieux. Ainsi, les individus peuvent être considérés comme des artifices créés par les gènes pour se reproduire. Cette théorie a été popularisée par Dawkins dans *Le gène égoïste* [1].

Si la transmission est une transmission d'information, il convient de s'interroger sur la nature de cette information. Nous n'avons ni définition ni quantification de cette notion. Dans le cadre de la biologie, l'information est transportée et conservée par une molécule totalement inerte, l'ADN. Dans son ouvrage, Lewontin [3] compare les biologistes moléculaires à des moines qui répètent inlassablement que les gènes produisent les protéines. Or il faut une cellule pour fabriquer une protéine à partir d'un gène. Ainsi, trois informations s'imbriquent-elles pour fabriquer un organisme : l'information génétique, l'information épigénétique (portée par la cellule parentale) et l'information environnementale.

Notre science, principalement fondée sur la matière, ne sait pas différencier la matière et l'information. Or ce sont les informations qui sont sélectionnées dans les processus biologiques. Dans ce cadre, il existe en plus des phénomènes de compétition, des phénomènes de coopération qui ne sont pas incompatibles avec les premiers. La compétition implique l'existence de coopérations. Les transitions majeures ayant eu lieu au cours de l'évolution sont souvent associées à la mise en commun de potentiels par différentes entités. Nous savons par exemple que des bactéries ont été intégrées dans nos cellules et leur permettent désormais de respirer : il s'agit des mitochondries.

Comment maintenir de la coopération ? Avant de répondre à cette question, il convient de s'interroger sur ce qu'est un être vivant.

Pour les physiologistes, un être vivant est un ensemble matériel animé par des flux d'énergie. Pour les généticiens, le vivant est le produit de la sélection naturelle sur un flux d'informations. Ces conceptions auront des conséquences différentes. La Terre, qui est un être vivant pour les physiologistes, n'en est pas un pour les généticiens car il n'y a pas eu de sélection à l'échelle de l'ensemble. Les virus ne sont pas vivants pour les physiologistes mais le sont pour les généticiens.

Dans les grandes transitions de l'évolution, nous observons l'association progressive de structures qui ont fabriqué des organismes de plus en plus complexes. La question de savoir comment les entités s'associent pour fabriquer un organisme est tout à fait fascinante. Eric Michaud a travaillé sur les Volvox, qui sont des algues dont certaines vivent à l'état unicellulaire, pendant que d'autres sont agrégées alors que d'autres encore se différencient et s'entraident. Notre corps est un assemblage de cellules dont la plupart se sacrifient pour la reproduction de nos cellules sexuelles. Ainsi, tout organisme est le produit d'une coopération extraordinaire entre des agents individuels qui ont décidé de s'associer.

W. D. Hamilton (1936-2000) a montré que la proximité génétique des organismes était l'une des plus fortes causes explicatives des phénomènes d'association [2]. À partir de ses travaux, nous avons pu comprendre en quoi une fourmilière était une sorte de super-organisme. Les entreprises, que nous avons créées dans notre écosystème économique sont-elles des organismes ? Les sociétés de conseil comparent souvent nos entreprises à des organismes, évoquant des flux, des organes, etc. Ces organismes peuvent être connectés entre eux dans des populations, des familles qui s'appellent des trusts. Je trouve la comparaison assez riche. D'ailleurs, les entreprises sont, chez nous, des personnes morales !

RÉFÉRENCES BIBLIOGRAPHIQUES

(1) Dawkins R., 2003. *Le gène égoïste.* Odile Jacob.
(2) Hamilton W.D., 1964. The Genetical Evolution of Social Behavior. *J. Theoretical Biol.,* 7 : 1–52.
(3) Lewontin R.C., 2000. *The Triple Helix: Gene, Organism, and Environment.* Harvard University Press.
(4) Weissman A., 1892. *Essai sur l'hérédité et la sélection naturelle.* Reinwald.

Notre génome en conflit avec son environnement

Bernard Swynghedauw*

L'évolution est à la base de toute réflexion de nature biologique, mais son enseignement est considérablement sous-représenté dans la plupart des facultés des sciences et presqu'inexistant dans la grande majorité des facultés de médecine [4].

La notion de médecine évolutionniste implique l'idée que notre génome, relativement stable, est en train de se confronter à un environnement qui change d'une manière brutale, très rapide et totalement inhabituelle à l'échelle de l'histoire de la vie. Ce conflit entre le génome et l'environnement a généré une nouvelle physiologie médicale dont le vieillissement est devenu l'élément essentiel avec la diminution des contacts avec les infections de tous types et l'inversion de notre bilan énergétique.

Pour cette raison, le paysage médical, surtout dans les pays économiquement développés, a changé de façon considérable. Désormais, dans nos pays, les deux tiers de la mortalité et de la morbidité sont dus aux cancers et aux maladies cardio-vasculaires et non plus aux maladies infectieuses et l'élévation du rapport mortalité cardiovasculaire et de mortalité infectieuse est devenu l'un des meilleurs indices du niveau de vie d'un pays [13]. Il y a, par ailleurs, une augmentation spectaculaire de l'incidence des maladies auto-immunes, allergiques (l'incidence de l'asthme est multiplié par cinq) et métaboliques (obésité, diabètes) et une baisse aussi spectaculaire de l'incidence des maladies infectieuses ou parasitaires (figure 26).

Les nouvelles technologies d'analyse génomique – *genome wide analysis*, GWA – ont identifié des centaines de variants génétiques acquis graduellement et responsables d'une fraction d'un trait mais aussi d'un signe clinique. Il existe ainsi plus d'une centaine de variants liés à la taille mais aussi au moins 60 variants liés à l'obésité, une bonne quarantaine associée aux manifestations cliniques de l'athérosclérose, à la schizophrénie. La composante génétique de pratiquement toutes les grandes affections et tous les traits quantifiables majeurs a été explorée de cette manière [3, 4, 6] (figure 27).

Le nouveau paysage clinique a plusieurs caractéristiques majeures. L'augmentation de la durée de vie est le premier d'entre eux. C'est un phénomène récent à l'échelle de l'évolution. Nous sommes la seule espèce vivante (en dehors des espèces qui co-évoluent avec l'homme) qui ait pratiquement doublé son espérance de vie en quelques décennies. Nous pouvons penser que les progrès seront linéaires, stagneront ou bien qu'une phase de déclin interviendra. Nous pouvons tout aussi bien envisager une catastrophe virale, nucléaire ou climatique qui mette définitivement fin au règne de l'homme. Bien évidemment, personne ne peut prédire

*Directeur de recherches émérite à l'Inserm, membre correspondant de l'Académie nationale de médecine.

l'avenir et ce qui, dans le futur, va l'emporter, du génie humain ou de ses démons ; mais, dans ce contexte, il est certain qu'il faut inclure dans nos réflexions en matière de santé publique le fait que la biologie de la cellule sénescente per se constitue un terreau particulier favorisant l'éclosion de toutes une série de maladies très spécifiques [4, 12].

La médecine générale est actuellement confrontée aux maladies auto-immunes, allergiques ou métaboliques pour lesquelles la composante génétique varie pratiquement d'un individu à l'autre, alors que la composante environnementale est commune à toute identité géographique. L'épidémie d'obésité dont l'incidence est passée de 8 à 14 % dans la population française en une dizaine d'années en est un excellent exemple. Son évolution est parallèle à la diminution de l'activité physique et à l'augmentation des sources alimentaires. L'épidémie d'obésité peut s'envisager comme le conflit entre des facteurs génétiques et environnementaux. La GWA a ainsi identifié une soixantaine de gènes liés à ce facteur de risque (cardiovasculaire mais aussi cancéreux), la plupart des gènes étant liés plus à l'appétit qu'aux métabolismes.

Cet exemple illustre bien les nouvelles bases évolutionnistes de la physiopathologie. Les 60 gènes précédemment évoqués sont des variants qui ont été acquis graduellement au cours de l'histoire du vivant et, entre les obésités monogéniques rares qui sont à 100 % héréditaires et la surcharge

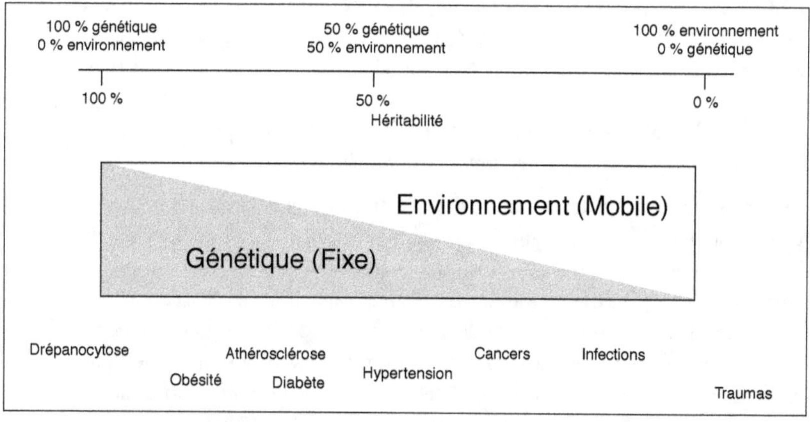

Figure 26
La maladie, un état résultant d'un conflit génome-environnement
La maladie est un état qui résulte habituellement d'un conflit entre notre génome, relativement stable et spécifique à chaque individu, et notre environnement variable et, relativement, commun à tous les individus. Il y a certaines affections qui sont 100 % d'origine génétique et l'environnement n'y joue qu'un rôle très secondaire, c'est le cas de la plupart des maladies monogéniques comme la drépanocytose ou la mucoviscidose. À l'inverse, il est des circonstances dans lesquelles l'influence de l'environnement est extrêmement forte et où la génétique n'est, généralement, pas en cause, c'est le cas, pour les infections massives ou les traumatismes accidentels. Néanmoins, la très grande majorité des maladies ou des facteurs de risque courants, comme le cancer, le diabète ou les maladies cardiovasculaires, se situe entre ces deux extrêmes. La part génétique est mêlée, souvent inextricablement, au facteur environnemental, d'après (2).

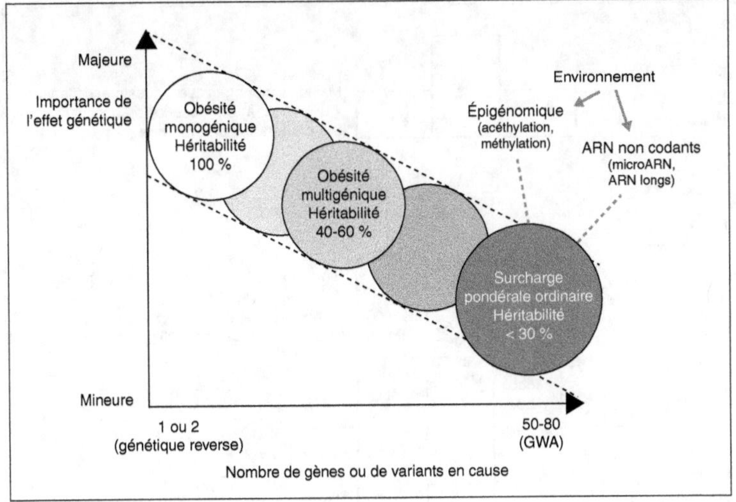

pondérale ordinaire, il existe une infinité d'états intermédiaires (figure 27). Enfin, l'épigénomique et l'environnement sont des éléments importants dans la physiopathologie. La rareté de la nourriture et du sel au cours de l'histoire du vivant a eu pour conséquence la sélection des variants de *fat-* et de *salt-retaining genes*. Les gènes ainsi sélectionnés sont toujours présents en 2011 alors que l'environnement nutritionnel a considérablement évolué, les grandes famines sont rares, et les étalages regorgent de tentations. Les tensions artérielles et les obésités sont, en grande partie, dues à cette nouvelle inadéquation.

La découverte de ces gènes a permis d'établir des scores de susceptibilité polygénique lesquels correspondent au nombre de variants pathogènes découverts chez un individu donné par rapport à un autre (figure 28). Ces variants peuvent correspondre au poids, à l'inflammation ou à d'autres traits difficilement quantifiables. Aujourd'hui, la recherche en physiopathologie pour les maladies communes entend quantifier les traits et cet exercice n'est pas facile.

Figure 27
Identification des variants génétiques pathogènes (abscisse) en fonction de l'importance de leur effet (ordonnée).
L'obésité est un facteur de risque à la fois pour les maladies cardio-vasculaires et pour le cancer. Le graphique oppose deux formes d'obésité. Les formes rares d'obésités monogéniques généralement dues à des mutations sur des gènes à expression hypothalamique contrôlant l'appétit. Dans la surcharge pondérale courante, au contraire, on a identifié de très nombreux gènes dont les variants ont tous un effet modeste, dans ces formes l'environnement économique et culturel joue généralement un rôle majeur. Les intermédiaires entre l'environnement et l'expression génétique sont l'épigénomique (méthylation des ADN, acétylation des histones) et les ARN non codant (microARN et longs ARN). GWA : *genome wide analysis*. Ce schéma s'est inspiré d'une des figures de (2).

Sur un plan évolutionniste envisager la pathologie consiste à identifier un seuil quantitatif de morbidité à partir duquel un individu est considéré comme malade. Ceci permet de distinguer aussi des traits quantifiables dont certains sont difficiles à calculer (satiété, offre de nourriture grasse sur une aire donnée etc.) [6]. La nouvelle infectiologie a été bousculée par cette perspective. L'infection pathogène a toujours constitué une préoccupation essentielle de la médecine, mais s'il n'est pas question de baisser la garde à l'égard des agents pathogènes qui continuent d'exister, nous pouvons

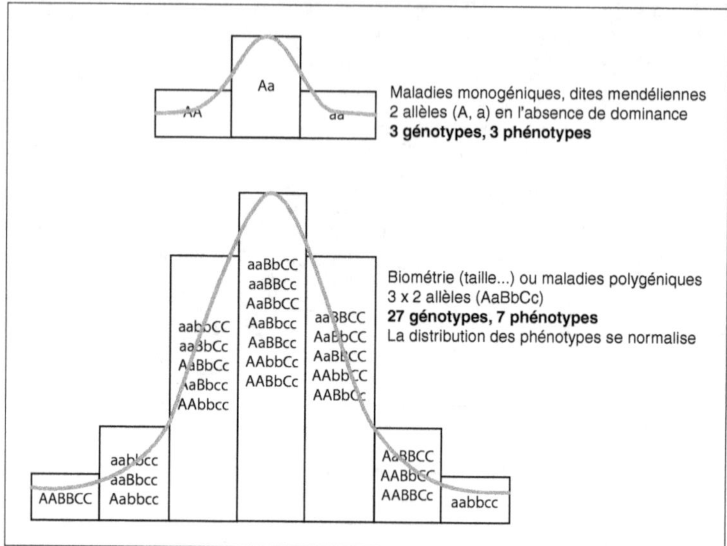

nous demander si le nombre de bactéries est suffisant ou suffisamment bien réparti. La baisse du nombre d'infections est une réalité.

Les maladies cardiovasculaires, le cancer et les maladies auto-immunes sont des exemples particulièrement illustratifs. Le paysage cardiologique a beaucoup changé depuis environ un petit siècle. Autrefois la fréquence des infections était responsable de la fréquence élevée des cardiopathies dites rhumatismales dont l'expression était avant tout valvulaire et l'insuffisance cardiaque avait une origine mécanique (sténose mitrale par exemple). Depuis que les infections d'origine bactériennes sont contrôlées par l'antibiothérapie ce type de cardiopathie a disparu, mais, parallèlement, l'augmentation de la durée de vie a permis l'éclosion des facteurs de risque de maladie coronarienne, l'incidence de l'infarctus du myocarde a augmenté et l'insuffisance cardiaque qui s'en suit a maintenant une autre origine, la perte de substance contractile. C'est ce facteur qui prédomine également dans les fibroses aux origines multiples (figure 29). L'insuffisance cardiaque est bien une maladie de l'adaptation [5, 11].

Le concept de médecine évolutionniste est également applicable au grand responsable de la mortalité et de la morbidité dans notre pays en 2010 : le cancer. Celui-ci se présente comme une « forme accélérée » de l'évolution [7, 9]. En effet, les mutations fortuites qui interviennent au cours de l'évolution confèrent un avantage sélectif aux cellules, pas à l'organisme. Jean-François Bach [2] a mis en parallèle l'incidence des maladies infectieuses et celle des maladies auto-immunes (diabète de type 1, sclérose en plaque, maladie de Crohn). Leurs évolutions respectives est très exactement à l'opposé l'une de l'autre au cours de ces 20 dernières années, comme si notre système immunitaire n'ayant plus à se battre contre l'extérieur se battait contre son intérieur. L'homme porte un génome contenant 3 milliards

L'APPARITION DES MALADIES AUTO-IMMUNES ET LA DIMINUTION DES MALADIES INFECTIEUSES SONT-ELLES LE PROPRE DES PAYS DÉVELOPPÉS ?

Il existe des différences entre les pays développés et les pays de développement. Au sein d'un même État, il y a aussi des différences entre les populations urbaines et les populations rurales.

La médecine darwinienne est une discipline récente. Certains scientifiques se plaignent du fait que les médecins n'ont cure de l'évolution. En effet, les praticiens souhaitent savoir comment la machine fonctionne, pas comment elle a été construite. Or la sélection est toujours en cours avec un développement des maladies de surcharge dans les segments urbains et une présence persistante des maladies infectieuses en zones rurales. Les personnes qui travaillent sur les questions de transition nutritionnelle considèrent que l'avènement de l'agriculture a eu un impact considérable sur la sélection des gènes. L'importance du tissu adipeux dans l'établissement de la fonction immune a ainsi été mise en évidence.

Par ailleurs, cela ne fait que 20 mois que nous disposons d'une genome *wide analysis* des principales affections. Enfin, nous devons distinguer l'obésité des maladies inflammatoires. Le système HLA qui est impliqué dans les maladies inflammatoires est une cible majeure pour les aspects évolutifs. Le *fat retaining gene* est quant à lui soumis à une pression beaucoup moins forte. Les relations entre tissu adipeux et inflammation sont bien connues. La GWA a permis de repérer jusqu'à une centaine de variants impliqués dans les maladies communes.

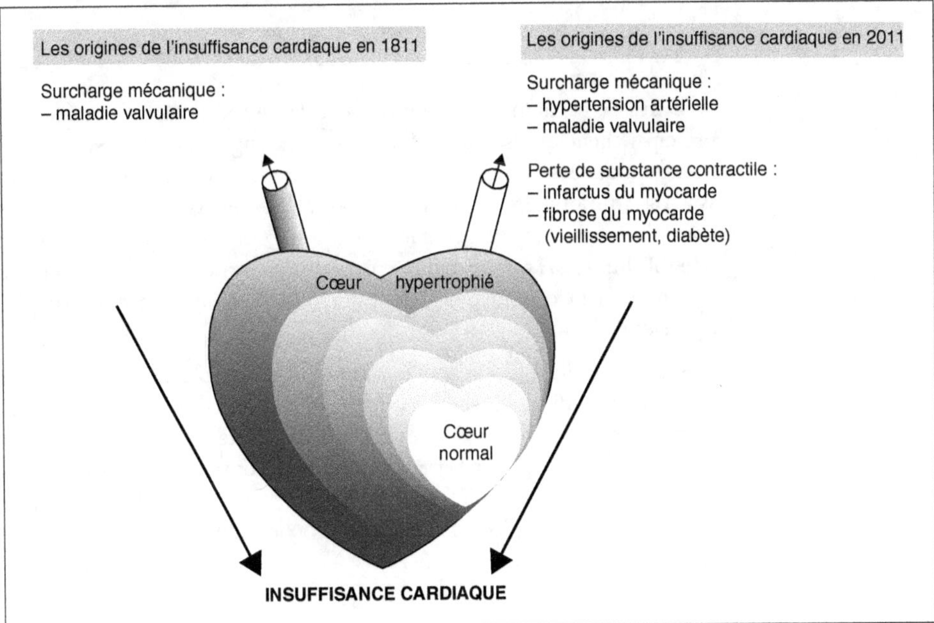

Figure 29
Paysage médical des causes des insuffisances cardiaques en un siècle d'évolution
Le paysage médical a changé considérablement en ce qui concerne les affections cardiovasculaires. L'insuffisance cardiaque chronique, qui est à l'origine d'un tiers de la mortalité dans nos pays, a changé de physionomie depuis un siècle. Elle était autrefois d'origine mécanique exclusive du fait de la prédominance des cardiopathies rhumatismales. Depuis, ce type de cardiopathies est devenu rare dans nos pays, par contre l'augmentation de la durée de vie et les conditions de vie ont favorisé l'athérosclérose, l'hypertension artérielle et le diabète qui génèrent un type complètement différent d'insuffisance cardiaque dans la genèse de laquelle prédomine la fibrose myocardique, d'après (11).

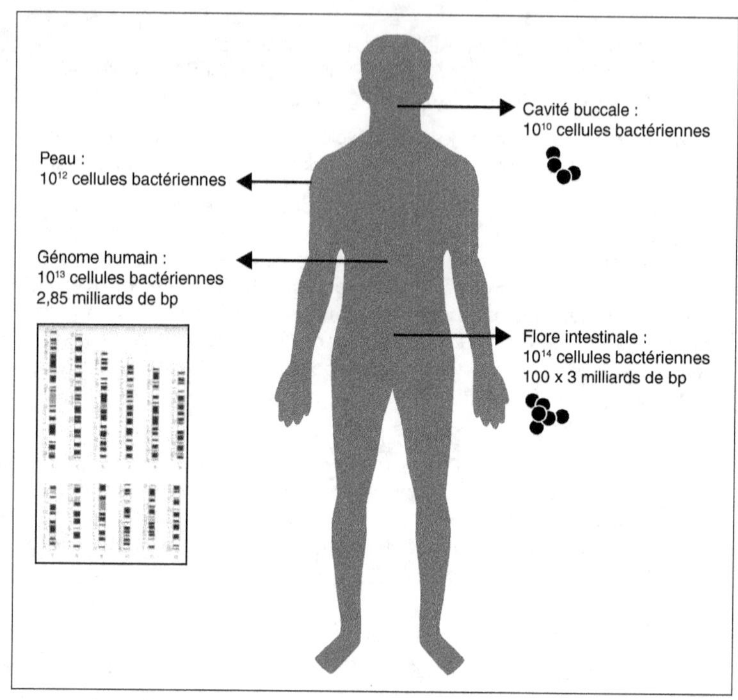

**Figure 30
La flore intestinale
ou microbiome.**
Chez l'homme,
comme chez tous les
autres êtres vivants,
le microbiome
est un modèle
de coévolution
et, à ce titre, l'un
des déterminants
essentiels du système
immunitaire,
surtout acquis,
d'après (1).

de paires de bases mais porte également de l'ADN d'origine bactérienne, principalement localisé dans sa flore intestinale (figure 30). Des expériences montrent que les bactéries des intestins sont des déterminants majeurs du système immunitaire, le maintenant en alerte permanente. Toutefois, ce microbiome évolue et nos capacités de prédiction à cet égard sont encore une fois limitées. La coévolution entre les organismes et leur microbiome est un élément majeur qui n'est que rarement pris en compte dans les prévisions de santé.

C'est ainsi que l'évolution peut constituer une véritable base scientifique à une bonne politique de santé laquelle pourrait alors reposer sur un socle rationnel plutôt que sur des réactions à l'actualité immédiate, réactions bien évidemment légitimes mais parfois inappropriées. Toutefois, le corps médical est encore trop réfractaire à l'enseignement de l'évolution dans la mesure où les médecins ont une approche individuelle et non populationnelle des maladies.

RÉFÉRENCES BIBLIOGRAPHIQUES

(1) Arumugam M., Raes J., Pelletier E. *et al.*, 2011. Enterotypes of the human gut microbiome. *Nature*, 473 : 174-180.

(2) Bach J.F., 2002. The effect of infections on susceptibility to autoimmune and allergic diseases. *N. Engl. J. Med.*, 347 : 911-920.

(3) Donnelly P., 2008. Progresss and challenges in genome-wide association in humans. *Nature*, 456 : 728-731.

(4) Frelin C., Swynghedauw B., 2011. *Une introduction à la biologie de l'évolution destinée aux médecins et futurs médecins. L'évolution biologique, l'essentiel.* Lavoisier.

(5) Lompré A.M., Schwartz K., d'Albis A., 1979. Myosin isoenzyme redistribution in chronic heart overloading. *Nature*, 282 : 105-107.

(6) Manolio T.A., 2010. Genome-wide associations studies and assessment ot the risk of disease. *N. Engl. J. Med.*, 363 : 166-176.

(7) Merio L.M.F., Pepper J.W., Reid B.J. *et al.*, 2006. Cancer as an evolutionary and ecological process. *Nature Rev. Cancer,* 6 : 924-935.

(8) Plomin R., Haworth C.M., Davis O.S., 2009. Common disorders are quantitative traits. *Nat. Rev. Genet.*, 10 : 872-878.

(9) Stratton M.R., Campbell P.J., Futreal A., 2009. The cancer genome. *Nature*, 458 : 719-724.

(10) Swynghedauw B., 2010. L'évolution biologique, grande oubliée de l'enseignement médical et base rationnelle d'une politique de santé. *Médecine et Sciences*, 26 : 526-528.

(11) Swynghedauw B., 1999. Molecular mechanisms of myocardial remodeling. *Physiol.* Rev. 79 : 215-262.

(12) Swynghedauw B., 2009. *Quand le gène est en conflit avec son environnement. Une introduction à la médecine darwinienne.* De Boeck.

(13) Yusuf S. *et al.*, 2001. Global burden of cardiovascular diseases. Part II: variations in cardiovascular disease by specific ethnic groups and geographic regions and prevention strategies. *Circulation* 104, 2855.

2.

UN ENVIRONNEMENT EN MUTATION

Questions d'aujourd'hui

Marion Guillou*

*Présidente du conseil d'administration de l'École polytechnique et ancienne présidente et directrice générale de l'Institut national de la recherche agronomique.

Les sujets traités dans la deuxième partie de cet ouvrage dépassent le cadre des sciences de l'environnement. Il s'agit en effet plutôt de points de vue portés par des regards différents qui souvent se croisent les uns les autres. Plusieurs évolutions récentes traversent les présentations et soulignent le besoin de changements d'échelles et de méthodes d'analyse.

La première évolution est la nécessaire convergence des travaux portant sur la nature ordinaire et la nature extraordinaire, entre une nature sous cloche et une nature travaillée par l'homme. Lorsque nous parlons de biodiversité, nous évoquons les différences entre espèces mais aussi désormais celles qui sont observables à l'intérieur d'une même espèce. Grâce aux progrès de la biologie moléculaire, c'est une formidable variabilité qui a pu être mise à jour. L'intérêt des conservatoires de ressources génétiques réside désormais dans la caractérisation et l'exploitation de cette diversité en accord avec les conditions environnementales, économiques et sociales. Ces ressources biologiques sont une clé d'intégration de l'agriculture dans l'ensemble des fonctions écosystémiques, qui ne se résument pas aux seuls services environnementaux. De manière concomitante, il s'agit d'étendre les échelles de temps et d'espace pour explorer cette biodiversité au sein de niveaux d'organisation plus larges (de l'espèce à la population, la communauté, le paysage ou encore le territoire). Avec l'agro-écologie s'intéressant aux écosystèmes anthropisés gérés par l'agriculture, la foresterie et l'élevage, une meilleure connaissance des mécanismes impliqués dans les interactions entre matrice paysagère, pratiques agricoles, biodiversité, fonctionnement et services des écosystèmes devraient permettre de renforcer notre capacité à évaluer les services écologiques, à anticiper leurs évolutions et à les maîtriser.

La deuxième évolution tient à la nécessité de construire des compromis explicites. Lorsque l'on évoque les services éco-systémiques, les rapports entre l'homme et l'environnement, se pose inévitablement la question de la hiérarchisation. Les terres doivent-elles être en priorité consacrées à l'urbanisation, conservées pour la forêt, réservées à l'agriculture ou dédiées à l'alimentation ? Dans le cadre du raisonnement sur l'économie circulaire, il nous faut gérer le stock de ce carbone dit renouvelable au sein de la biosphère au regard des flux qui alimentent l'ensemble des besoins de l'homme (habitat, transport, alimentation, habillement, etc.). L'excès de demande conduit à une tension entre rendements, surfaces et services écosystémiques. La hiérarchisation qui en résulte varie selon l'intérêt des sociétés et l'échelle à laquelle nous nous situons, mais aussi selon le stade de développement économique et en conséquence, les régions du monde. En termes d'activités de recherche, elles se traduit par des approches pluridisciplinaires et systémiques et conduit à distinguer deux orientations prioritaires : l'une pour contribuer au développement de systèmes de production et de consommation plus respectueux des services environnementaux assurés par les écosystèmes, et l'autre pour concevoir des stratégies de gestion intégrée et durable des services écosystémiques qui prennent en compte les priorités sociétales et les spécificités locales.

Enfin, la question de l'urgence est désormais très présente comme celle des interactions croissantes entre science et société. Le contexte, fait d'incertitude et de scepticisme, appelle le besoin d'une plus grande proximité entre scientifiques, acteurs économiques, pouvoirs publics, élus, collectivités, associations et citoyens. Par exemple, les agriculteurs auront besoin de données scientifiques pour prendre la mesure des effets environnementaux de leurs pratiques. Après avoir identifié les défis, les scientifiques devront co-construire les questions de recherche avec la société. Enfin, ils devront parfois élaborer ensemble les méthodes de la science. L'outil Nutrinet-Santé d'observation des régimes alimentaires, mis en place dans le cadre d'un programme de recherche pour mieux comprendre les relations entre la nutrition et la santé en France, est destiné à rassembler les contributions de plus de 500 000 citoyens. En parallèle, les scientifiques sont de plus en plus sollicités pour apporter des éclairages aux pouvoirs publics sur des sujets complexes dans les délais de plus en plus courts. Développer une science consciente des enjeux de taille mondiale implique aussi d'être en mesure d'élaborer des supports de recommandations compris de tous.

L'homme n'est pas étranger à l'environnement, c'est un environnement physique et biologique en mutation de (et avec) l'humanité qu'il nous est demandé de mieux comprendre et de préserver dans sa diversité pour une meilleure résilience face à la pression des changements globaux. Pour se donner les chances de répondre au défi de sécurité alimentaire dans une perspective de développement durable, il nous faut collectivement repenser l'homme solidaire de son environnement.

Changement climatique, que peut-on prévoir ?

Hervé Le Treut*

*Professeur à l'université Pierre et Marie Curie et à l'École polytechnique, directeur de l'Institut Simon Laplace.

Le problème climatique est de nature compliquée Pour éviter beaucoup des faux débats qui ont pu créer des confusions dans l'appréhension des changements générés par les activités humaines, il est important de commencer par bien préciser le contexte, et en particulier les notions de temps et d'espace auxquelles nous ferons référence.

Référons nous d'abord à un diagramme issu du dernier rapport du Groupe international d'experts sur l'évolution du climat (GIEC) [5]. Ce diagramme rend compte des évolutions de trois gaz à effet de serre dans l'atmosphère, le dioxyde de carbone (CO_2), le méthane et le protoxyde d'azote sur une période de 10 000 ans. Il met en évidence une très grande stabilité environnementale sur l'ensemble de cette période, qui correspond au très long âge interglaciaire dans lequel se sont développées nos civilisations (figure 31, planche IV). L'affirmation que le climat « a toujours changé », souvent mise en avant pour relativiser l'impact des activités humaines, n'est donc pas évidente à l'échelle des derniers millénaires, marqués par une grande stabilité des indicateurs globaux que constituent les gaz à effet de serre, stabilité dont l'origine astronomique est connue, et qui serait *a priori* appelée à durer sans facteur nouveau lié aux activités humaines.

LES RAPPORTS DU GIEC

À la fin des années 1980, les grands programmes internationaux de recherche sur le climat et les conséquences de ses évolutions (qu'elles soient naturelles ou dues à l'homme) émergent. Quelques scientifiques (en particulier, le suédois Bert Bolin) prennent l'initiative de les accompagner d'une structure d'audit pour faire un bilan régulier des recherches, sous une forme agréée par la communauté scientifique et compréhensible par les citoyens et les décideurs. C'est ainsi qu'en 1988 est né le GIEC (Groupe intergouvernemental d'experts sur l'évolution du climat - souvent connu sous le sigle anglais IPCC). Trois groupes, constitués de plus d'une centaine d'auteurs scientifiques, abordent respectivement les fondements physiques des problèmes posés, les conséquences des changements climatiques et la dimension socio-économique du problème. Les rapports font l'objet de trois évaluations conduisant à des réécritures successives, dont deux largement ouvertes aux experts du monde entier. Les auteurs se doivent de répondre à chacune des critiques émises par les experts extérieurs. Des résumés pour les décideurs, d'une dizaine de pages, sont élaborés à partir des rapports (qui en font plus d'un millier). Les résumés suivent une règle de consensus : les textes finaux doivent être approuvés ligne à ligne par des experts scientifiques nommés par les pays membres de l'Onu, tout au long d'un processus de relecture en séance plénière qui dure plusieurs jours. La lourdeur du processus, son poids pour la communauté scientifique (les rédacteurs sont bénévoles) font que les rapports sont échelonnés dans le temps : des rapports ont été finalisés en 1990, 1997, 2001, 2007, le prochain sera publié en 2013-2014.

S'il est désormais avéré que les activités humaines sont en mesure d'entraîner une perturbation rapide de l'environnement, il convient d'identifier le début de ce déséquilibre [1-3]. C'est à partir de 1950 que les émissions du CO_2 (le principal gaz à effet de serre) augmentent véritablement dans l'atmosphère (figure 32). Les spécialistes du cycle du carbone expliquent qu'un système soutenable est un système dans lequel les émissions annuelles de CO_2 ne dépassent pas les 3 ou 4 milliards de tonnes. Ce seuil a été atteint dans les années 1970. L'impact de ces émissions est tributaire de plusieurs facteurs d'inertie : celle de la « durée atmosphérique » des gaz à effet de serre (100 ans environ pour le CO_2) et celle de la réponse thermique du système climatique (les quelques dizaines de mètres d'océan qui interagissent de manière importante avec l'atmosphère mettent quelques décennies à se réchauffer de manière significative). Ainsi, ce n'est qu'au cours des 20 dernières années que le problème climatique, au-delà des prévisions futures, a pu commencer à se poser d'une manière décelable par l'observation, et donc sensible pour le grand public [2, 3].

Cette accélération des émissions de CO_2 s'est poursuivie durant la dernière décennie, allant même au-delà des prévisions les plus pessimistes (8,5 gigatonnes de carbone en 2008), les pays émergents y contribuant désormais très fortement. Les climatologues ont effectué, dès les années 70-80, des calculs pour prendre la mesure du phénomène, et estimer en quoi il engageait l'avenir de la planète – en se demandant en particulier ce que serait le réchauffement d'une planète où le CO_2 aurait doublé. La communauté des spectroscopistes a énormément investi pour apprendre à calculer l'impact radiatif de toutes les raies d'absorption de toutes les molécules significativement présentes dans l'atmosphère. Les débats récents ont montré que l'ampleur de ce travail qui a impliqué des milliers de scientifiques pendant plusieurs décennies est très largement ignorée hors du domaine des spécialistes. Ces études ont permis de mettre des chiffres sur des idées anciennes : nous savons que certains gaz, qui sont tout à fait minoritaires dans l'atmosphère, empêchent la planète de se refroidir trop rapidement et lui permettent d'être chaude et habitable. Le plus important de ces gaz, la vapeur d'eau a un cycle atmosphérique très court, d'une à deux semaines et les activités humaines ont peu de prise sur lui. Mais d'autres gaz, tel le CO_2, restent dans l'atmosphère de manière plus durable, et les activités humaines sont susceptibles de provoquer un effet de stockage, à l'échelle des décennies et des siècles à venir, ce qui a déjà provoqué un forçage radiatif additionnel de 3 watts par mètre carré, forçage inexorablement appelé à croître.

Un calcul d'ordre de grandeur simple (confirmé par trente ans de calculs beaucoup plus précis), montre qu'il en résultera une hausse de la température de la planète de quelques degrés (en surface) - jusqu'à 5 ou 6 degrés à l'échelle du siècle à venir, si rien n'est fait. C'est beaucoup ! La dernière augmentation de 5 degrés, il y a environ 15 000 ans, correspond à la période de déglaciation qui a vu disparaitre les grandes masses de glace de l'Europe et du continent américain. Les fluctuations plus récentes (optimum

Figure 32
Les émissions anthropiques annuelles de dioxyde de carbone liées à l'usage des combustibles fossiles.
La première flèche montre l'accélération de ces émissions après la deuxième guerre mondiale et la deuxième flèche, le franchissement approximatif d'un « seuil de soutenabilité » (Source : Agence internationale pour l'énergie).

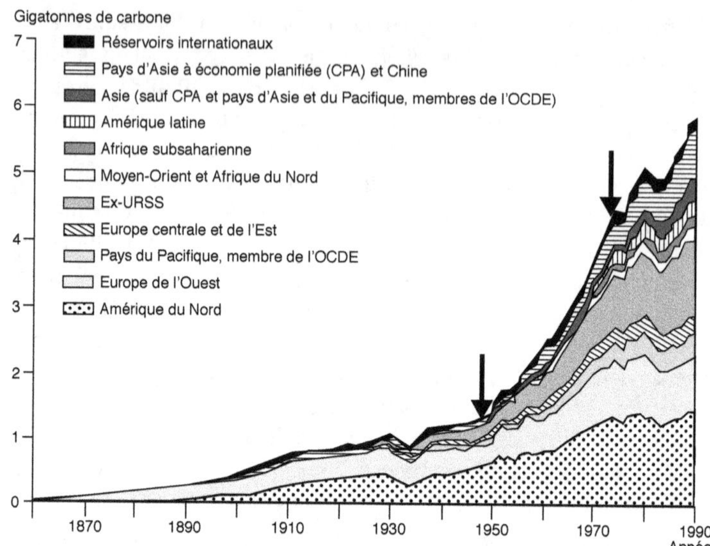

médiéval, petit âge de glace) sont de l'ordre de quelques dixièmes de degrés. Ce constat simple, confirmé par de très nombreuses études plus complexes, indique donc que les perturbations liées à l'activité humaine ont toutes les chances d'être d'une ampleur bien supérieure à la variabilité naturelle que nous avons connue depuis 10 000 ans.

Pour aller plus loin, les scientifiques se sont appuyés sur des modèles. Il ne s'agit pas d'outils de prévision exacts, ce sont avant tout des outils de compréhension, qui s'articulent avec une réflexion plus conceptuelle sur le fonctionnement du système climatique. Le défi qui a conduit leur développement a été de rendre compte des facteurs d'organisation du climat de la planète au travers des équations fondamentales de la physique. Une partie importante des débats qui se sont noués autour de la question climatique vient d'une difficulté à concevoir cet apport conceptuel des lois de la physique. Toute une hiérarchie de modèles de complexité croissante a été développée au fil des années. La cohérence des modèles plus simples et plus complexes fait que les conclusions du premier rapport du GIEC en 1990 ont été confirmées par les conclusions des rapports suivants. Les programmes internationaux ont aussi permis d'impliquer une communauté scientifique nombreuse dans des travaux de vérification des modèles (environ 500 articles publiés sur l'estimation des modèles à partir des simulations présentées dans le 4e rapport du GIEC). Ces études montrent que les planètes artificielles que constituent les modèles, si elles n'en seront jamais une réplique exacte, ressemblent de plus en plus à la Terre. Nous avons appliqué plusieurs scénarios d'évolution des gaz à effet de serre à ces planètes modélisées - scénarios déterminés à la fin des années 1990 par le *Rapport spécial du GIEC sur les scénarios d'émission* (RSSE) (figure 33, planche V). Si nous n'agissons pas, le scénario le plus optimiste prévoit que les émissions seront au niveau de 1990 à l'horizon 2100, le scénario le plus pessimiste prévoit que nous émettrons près de 4 fois plus de CO_2 (ou autres gaz à effet de serre). Les réchauffements induits vont d'un peu moins de 2 degrés à un plus de 6 degrés en fin de siècle. Il faut avoir conscience que c'est ce réchauffement futur, que nous engageons dès maintenant par nos émissions actuelles, qui préoccupe avant tout la communauté scientifique. Lorsque médias ou décideurs demandent si nous estimons que le réchauffement climatique est d'origine anthropique, ils se limitent volontairement au diagnostic actuel et négligent cette dimension future pourtant essentielle. Le réchauffement déjà acquis (un peu moins d'un degré) devient progressivement un outil de vérification des modèles, mais il ne constitue ni une référence pour établir l'ampleur des conséquences du changement à venir, ni une entrée des modèles. Ce n'est pas la prolongation de nos observations qui permet d'établir des prédictions mais bien des modèles qui s'appuient sur des lois physiques : les résultats des modèles, dès la fin des années 1970 ont permis d'anticiper des changements cohérents avec l'évolution actuelle du climat.

Les températures de la planète augmentent en fonction des émissions de gaz des années ou décennies précédentes. Réciproquement, toute action prendra plusieurs décennies à produire des effets, ce retard étant dû aux inerties décrites plus haut. Il faut avoir conscience de ces échelles de temps pour ne pas confondre tendances à long-terme et fluctuations naturelles ponctuelles. Des débats ont récemment eu lieu pour savoir si la température avait cessé d'augmenter au cours des dernières années. Aux basses latitudes où les fluctuations climatiques sont sensibles à des processus naturels comme El Niño et où les échauffements attendus sont plus faibles, la lisibilité des évolutions récentes est plus faible et doit s'apprécier sur plusieurs décennies. Dans les latitudes hautes des deux hémisphères (mais surtout de l'hémisphère nord), le réchauffement se poursuit de manière claire. Les observations tendent en fait à corroborer les prévisions des modèles (y compris des premiers modèles, présentés dans le rapport 1990 du GIEC), en termes de structure horizontale et verticale du réchauffement. L'augmentation de la température n'est pas non plus le seul indice du réchauffement climatique. Le niveau de la mer augmente plus vite qu'au début du vingtième siècle, en accord avec un processus de fonte du Groenland, de l'Antarctique et des glaciers de montagne (figure 34). Les régimes de précipitations devraient aussi subir des changements importants. Selon les prévisions des premiers modèles comme des modèles plus récents, il devrait en moyenne pleuvoir plus dans les régions humides et moins dans les régions plus arides, en phénomène qui commence à être observé.

Figure 34
Niveaux de la mer de 1860 à 2020.
L'élévation du niveau de la mer était d'un mm par an au début du xxe siècle et elle est désormais de plus de trois mm par an, une évolution qui semble due à trois facteurs que les gaz à effet de serre favorisent : réchauffement et dilatation de l'océan, fonte des glaciers polaires, fonte des glaciers de montagne (Source : Anny Cazenave, LEGOS).

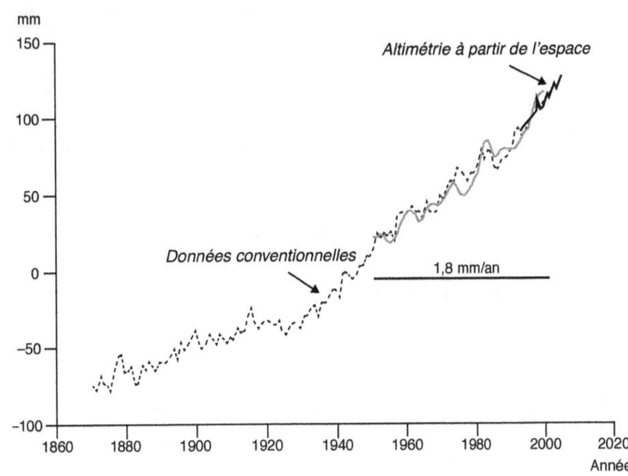

Toutefois, si les facteurs qui conditionnent la structure globale du climat – et son évolution – sont généralement bien compris, les choses sont plus difficiles aux échelles régionales où l'on observe des divergences marquées entre modèles dans des régions sensibles (Sahel, corne de l'Afrique). Ainsi, la science climatique n'est pas capable de produire des prévisions sur des localités déterminées. Il existe à ce niveau un vrai besoin de recherches fondamentales : nous ne savons pas encore ce qui deviendra prévisible ou non des évolutions climatiques à venir et la science n'est pas encore en état de fournir des réponses quantitatives simples aux nombreux citoyens et décideurs en attente de conseil. L'affinement des projections climatiques globales vers les échelles régionales ou locales se fait en « embriquant » des modèles de mailles de plus en plus fines. Mais l'incertitude sur les résultats croit de manière forte à chaque étape.

La difficulté à prévoir ces évolutions locales ou régionales induit des études qui font la démarche inverse : partir d'un « terrain » pour déterminer la vulnérabilité aux changements climatiques des écosystèmes, des systèmes hydrologiques ou des systèmes économiques qui s'y développent. Le dernier rapport du GIEC (groupe 2) fait une synthèse éloquente de toutes ces études et met en exergue l'apparition d'une climato-sensibilité plus forte au-delà d'un réchauffement de 2 ou 3 degrés. Ainsi, s'il est difficile d'établir des prévisions régionales précises, les études récentes tentent d'appréhender régionalement les sensibilités à des évolutions globales. Cette tendance a donné une assise scientifique réelle au seuil de 2 degrés de réchauffement mis en avant par la Commission européenne, puis à l'occasion du Sommet de Copenhague, comme une limite à ne pas dépasser. Ce chiffre change nos perspectives. Sans action dédiée, nous risquons d'attendre ce seuil vers 2050. Compte tenu de l'inertie déjà soulignée du système climatique, l'urgence est donc clairement plus forte qu'estimé auparavant.

Les décisions à prendre dans le domaine du réchauffement climatique auront des implications politiques et sociales fortes. Le climat n'est pas non plus le seul facteur à préserver pour un développement durable de la planète. Il faut donc bien distinguer le débat scientifique qui vise à un consensus sur un certain nombre d'éléments factuels (incluant l'estimation des incertitudes associées) et le nécessaire débat citoyen qui met en jeu des systèmes de valeurs, des notions d'éthique qui ne peuvent pas être seulement débattues sur un mode factuel et scientifique.

RÉFÉRENCES BIBLIOGRAPHIQUES

(1) Jouzel J., Debroise A., 2004. *Le climat : jeu dangereux.* Dunod.

(2) Le Treut H., 2009. *Nouveau climat sur la Terre : comprendre, prévoir, réagir.* Flammarion.

(3) Jeandel C., Mosseri R., 2011. *Le climat à découvert.* Éditions du CNRS.

(4) Le Treut H., Jancovici J.M., 2004. *L'effet de serre. Allons-nous changer le climat ?* Champs Flammarion.

(5) Rapports du Groupe d'experts intergouvernemental sur l'évolution du climat (GIEC). Ces rapports, dont le dernier en date du 10 Mai 2011 démontre l'importance des énergies renouvelables, sont disponibles sur Internet (www.ipcc.ch).

Systèmes agricoles, les risques de l'optimalité

Bernard Chevassus-au-Louis*

*Inspecteur général de l'agriculture, ancien président du Muséum national d'histoire naturelle. Génétique aquaculture, Inra Jouy-en-Josas.

Lors de l'invention de l'agriculture – il faudrait sans doute dire « des » agricultures – il y a environ 10 000 ans, l'espèce *Homo sapiens* ne comptait que quelques millions d'individus. La majeure partie de l'histoire agricole, jusqu'au début du XIXe siècle, s'est faite avec une population mondiale de moins d'un milliard d'individus. Le modèle agricole initial, qui permettait de produire environ une tonne de céréales par hectare cultivé et par an et qui captait moins de 1 % de l'énergie solaire incidente, a peu gagné en performances en 100 siècles. En outre, et contrairement à des images idylliques, ces systèmes agricoles peinaient à fournir une alimentation suffisante. Au-delà des grandes famines qui ont perduré en Europe jusqu'au milieu du XIXe siècle, les travaux de l'anthropologue allemand John Komlos sur la taille des populations européennes montrent bien la grande dépendance de ce paramètre physique vis-à-vis de la ressource alimentaire. Ainsi, une étude sur les conscrits français de 1697 à 1747 [2] montre que leur taille était en moyenne d'environ 1,58 m et a fluctué entre 1,52 m et 1,62 m pendant la période, ces fluctuations étant fortement corrélées au prix du blé, indicateur inverse de l'abondance des récoltes.

De ce fait, la première stratégie adaptative de l'humanité pour faire face au défi démographique a été l'extension des surfaces agricoles, via en particulier la déforestation. Ainsi, la surface forestière française est passée de près de 60 % du territoire avant l'An 1000 à environ 13 % à la veille de la Révolution française.

La transition démographique du XXe siècle a été inouïe, faisant passer l'humanité d'environ un milliard d'individus au début de la révolution industrielle à 7 milliards aujourd'hui. Pour répondre au défi alimentaire, les hommes, qui avaient déjà atteint par endroit les limites de l'extensification, ont adopté une stratégie d'intensification et d'augmentation des rendements par unité de surface, basée sur une utilisation forte d'intrants (énergie, engrais, irrigation, etc.) devenus accessibles et peu coûteux du fait de la révolution industrielle. Les progrès ont été rapides, voire spectaculaires, comme le montre la figure 35.

Cependant, derrière cette stratégie globale se cachent des composantes d'intensification différentes selon les pays (figure 36, planche VI). Ainsi, la production de calories alimentaires par hectare a augmenté significativement, en particulier en Asie, alors que la progression de l'Afrique dans ce domaine reste moindre. Les pays de l'OCDE ont vu augmenter la taille des surfaces cultivées par agriculteur, alors que le reste du monde a suivi la tendance inverse. Ceci parce que la mécanisation est restée essentiellement

Figure 35
Évolution des rendements de blé tendre en France de 1820 à 2009 et du riz en Asie du Sud-Est de 1961 à 2009.
D'après L. Bourgeois.com. (Source : FAO, les données de 1820 à 1950 sont des moyennes décennales).

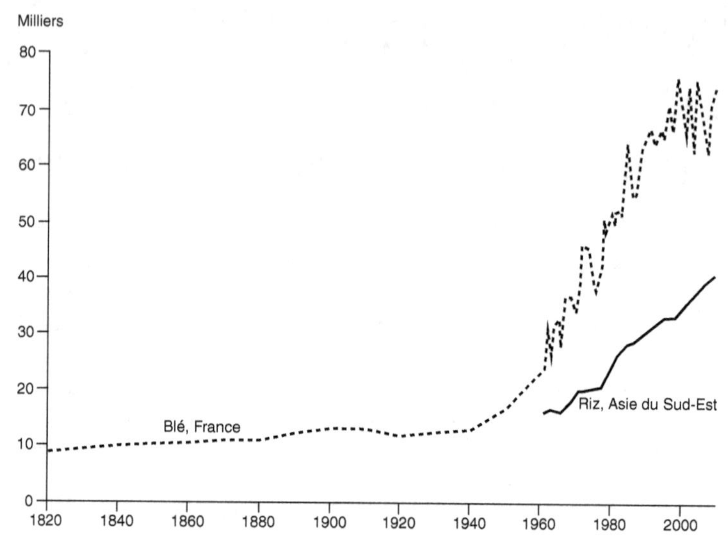

le fait de l'OCDE, avec une exception en Amérique latine et dans l'ancien bloc soviétique. Le recours aux engrais constitue un autre élément d'intensification. Les pays d'Europe de l'Ouest sont devenus dès les années soixante d'importants consommateurs d'engrais alors que la révolution verte[24] asiatique a eu lieu quelques années plus tard. L'Afrique n'a, quant à elle, pratiquement pas eu accès à ce facteur d'intensification.

Outre leur effet sur l'amélioration du rendement, les facteurs d'intensification ont été utilisés pour fournir des conditions de production plus stables dans le temps et plus uniformes dans l'espace. Ce tryptique « améliorer-stabiliser-uniformiser » se retrouve à la fois dans la maîtrise du milieu physique (travail du sol et apports d'amendements pour disposer d'un milieu homogène), dans le matériel biologique (développement des cultures mono-spécifiques, voire clonales), dans les conditions économiques (prêts bonifiés, subventions pour les calamités agricoles) et dans les conditions socioculturelles (systèmes de représentation du progrès, systèmes de diffusion des connaissances).

Globalement, cette transition de l'extensification à l'intensification a conduit également à passer d'une approche de diversification et d'économies de gamme, dans laquelle on recherchait une complémentarité locale entre diverses productions (par exemple entre les productions animales et végétales, via le recyclage des matières organiques) à une approche de spécialisation et d'économies d'échelle, dans laquelle la compétitivité résulte du développement d'une même production sur de grandes surfaces.

---

24. Le terme « révolution verte » a été attribué au bond technologique réalisé en agriculture au cours de la période 1960-1990.

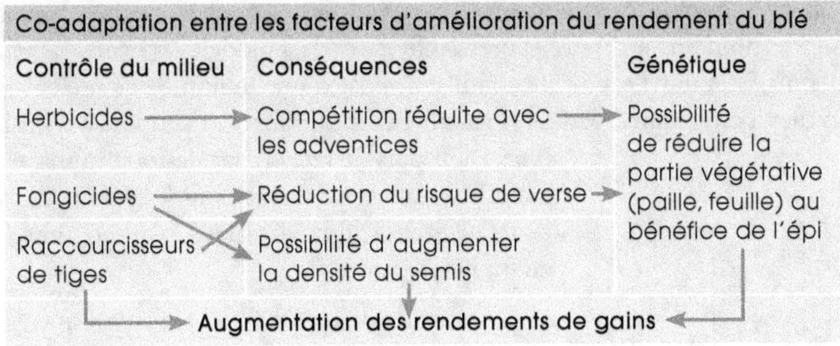

Par ailleurs, ces facteurs d'intensification ont été utilisés dans des « trajectoires d'adaptation » qui impliquent des co-adaptations entre les différentes améliorations. L'exemple du blé fournit une bonne illustration de ces interdépendances (tableau ci-dessus) : les acteurs du monde agricole ont développé un arsenal chimique pour lutter contre les mauvaises herbes et les maladies ; la compétition avec les mauvaises herbes étant réduite, il a été possible d'utiliser des traitements réduisant la hauteur des tiges ; le risque de maladies fongiques étant maîtrisé, on a pu augmenter la densité des semis, en apportant en outre les engrais nécessaires ; c'est dans ce contexte favorable qu'est intervenue la génétique, pour réduire notamment la partie végétative du blé au profit de l'épi dans une perspective d'amélioration du rendement en grains.

Un autre exemple de ces co-adaptations concerne les variétés modernes de riz, développées en particulier aux Philippines dans le cadre de la révolution verte (figure 37). Comparativement aux variétés traditionnelles, ces variétés modernes n'expriment leurs performances que si on apporte des quantités importantes d'engrais, alors que la variété traditionnelle a de meilleures performances en l'absence d'apports.

Cette notion de co-adaptation entre les différents facteurs d'intensification introduit la notion de « verrouillage », qui fait référence à la recherche, par cycles successifs, d'un optimum à la fois de plus en plus élevé et dont le domaine de viabilité technico-économique devient de plus en plus étroit. En effet, une fois défini et mis en place le meilleur environnement, le meilleur matériel génétique, les équipements techniques et les investissements financiers nécessaires, il devient très difficile de s'éloigner de cet optimum, même si la performance chute et qu'un autre optimum, impliquant une autre combinaison de facteurs techniques et économiques, apparaît préférable.

Comment donc « déverrouiller » et s'orienter vers d'autres systèmes d'innovations ? Et tout d'abord pourquoi déverrouiller ?

Les raisons du déverrouillage sont d'une part les limites prévisibles des variables de forçage (en termes de disponibilité, de coût, d'impact environnemental ou de perception sociale) et, d'autre part, le « paradoxe » du développement durable. J'insisterai sur ce dernier point. J'utilise le terme de paradoxe pour introduire l'idée que le développement durable des productions agricoles va correspondre à l'avenir à tout sauf à des situations « qui durent ». Pour de multiples raisons, nous passerons au cours des prochaines années d'un univers stable et prévisible, avec des « modèles agricoles » bien définis, à un univers plus incertain, composé d'une multitude de situations locales, particulières, et dont la viabilité économique sera temporaire. Ainsi, il ne s'agit plus de rechercher des optimums, en ayant le temps devant nous pour les définir, mais de trouver des solutions viables à un moment et en un lieu donnés.

Or la structure de la recherche agronomique est plus adaptée à la recherche de solutions optimales dans un univers stable et prévisible qu'à la construction permanente de solutions locales et temporaires.

Cette nouvelle situation amène à repenser plusieurs de nos conceptions. Nous devrons tout d'abord déconstruire notre idée qu'une « véritable » innovation est une innovation « de rupture », qui permet de changer radicalement la donne. Nous devrons sans doute retrouver le goût de la combinatoire, de l'innovation « en profondeur », basée sur la combinaison de petites innovations toutes imparfaites pour créer des solutions globales. Ensuite, il faudra peut-être substituer à la notion d'innovation « clés en main », entièrement conçue et validée par les chercheurs, celle d'innovations « ouvertes » et participatives, dont l'adaptation aux conditions locales impliquera davantage les utilisateurs.

Nous devrons également reconsidérer notre vision des critères de performance, considérer que le système agricole ne produit pas que des ressources alimentaires mais se trouve impliqué dans la production de toute une série de services écologiques. Ainsi, l'appréciation de la performance devra se faire au regard de la production de l'ensemble des services et pas uniquement de celle des biens marchands. Ne convient-il pas en outre de renouer avec les économies de gammes, en lien notamment avec les attentes qui se manifestent vis-à-vis d'une alimentation de proximité ? Enfin, nous devrons réfléchir aux nouveaux métiers de la recherche dans l'écologie de l'innovation : le rôle du chercheur de demain n'est-il pas de faire vivre la physiologie du système, de diffuser l'information à certains stades, de relier les acteurs pour que naissent les innovations en un point quelconque du système, plutôt que de produire lui-même l'innovation ?

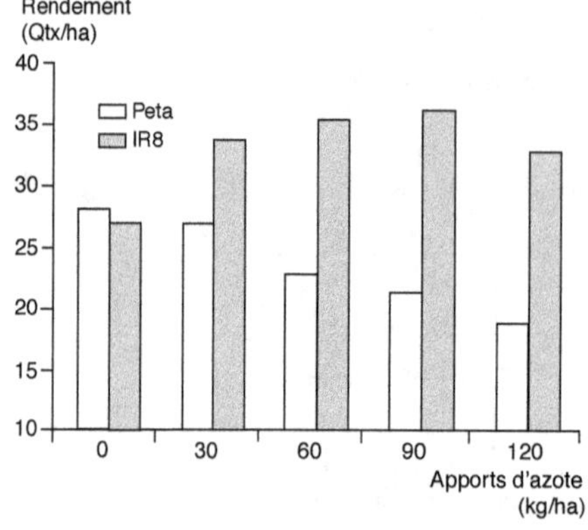

Figure 37
Rendement d'une variété traditionnelle de riz (Peta) et d'une variété sélectionnée (IR8) en fonction des apports d'azote, d'après (3).

RÉFÉRENCES BIBLIOGRAPHIQUES

(1) Dorin B., Paillard S., Treyer S. (éds.), 2010. *Agrimonde. Scénarios et défis pour nourrir le monde en 2050.* Éditions Quæ.

(2) Khush G.S. 1987. Rice breeding: Past, present and future. *J. Genet.,* 66 : 195-216.

(3) Komlos J., Hau M., Bourginat N., 2010. An Anthropometric History of Early-Modern France. Munich Discussion Paper n°2003-10. Department of Economics, University of Munich. (http://epub.ub.uni-muenchen.de/54/)

L'épuisement de la terre arable et de son eau

Daniel Nahon*

*Professeur
de géosciences,
université Paul Cézanne,
Aix-en-Provence.

La terre est sortie d'une longue période glaciaire voici 18 000 ans. La débâcle des calottes de glaces qui recouvraient l'Europe septentrionale et l'Amérique du Nord a été particulièrement intense. Elle a été marquée non seulement par un réchauffement de la température moyenne du globe, mais aussi par une remontée du niveau de la mer de plusieurs mètres par siècle et par une augmentation notable de 30 à 40 % de l'humidité de l'air, c'est-à-dire par une pluviosité accrue notamment sur les hauteurs. Cette remontée du niveau global des mers et des océans, agissant comme un barrage au débouché des grands fleuves, a permis un alluvionnement des vallées et des plaines par des limons fertiles [1]. L'homme a ainsi pu installer l'agriculture sur les terrasses et les plaines inondables qui ont vu le jour suite à ce phénomène. Dans la région méditerranéenne moyen-orientale, au pied des monts Zagros et des monts Taurus, dans la région dite du Croissant fertile, les hommes du néolithique ont, les premiers, développé l'agriculture voici environ 11 000 ans. La domestication des mammifères interviendra vers - 8500. Les autres foyers agricoles, en Chine et en Mésoamérique, sont un peu plus récents.

BREF HISTORIQUE

Entre - 14000 et - 11300, le niveau de la mer remonte de plusieurs mètres chaque siècle par l'alluvionnement des vallées par des limons fertiles (terrasses et plaines).

De 30 à 40 % plus humide, la région du Croissant fertile voit naître l'agriculture vers - 11000.

Il s'en suit la domestication des grands mammifères vers - 8500 et la diffusion à d'autres centres.

Les limons fertiles à l'origine de l'agriculture sont les produits argileux de l'altération des roches qui constituent les hauteurs en amont. Ils forment les sols. L'argile à l'origine des limons fertiles est précieuse, chargée de nutriments qui alimentent les plantes. Comment se forment-elles ? Les continents constituent la croûte continentale, épaisse de 35 km et formée à 95 % de roches silicatées. Ces dernières sont constituées de minéraux divers, quartz, feldspaths, micas etc. qui eux-mêmes sont formés par l'agencement régulier d'atomes de nature différente : environ 50 % d'oxygène, un tiers de silicium, d'aluminium, de fer, de calcium, de sodium, de potassium, de magnésium et pour 1,5 % d'autres éléments.

Et comme les oxygènes sont les atomes les plus abondants, mais aussi les plus gros, on peut représenter les minéraux comme un assemblage de balles d'oxygène au milieu desquelles se trouveraient les autres atomes. Ce sont ces assemblages qui vont se dissocier sous l'action de l'eau de pluie. Car l'eau de pluie, constituée de petites molécules qui n'arrêtent pas de glisser les unes sur les autres, pénètre les moindres fissures, les moindres défauts affectant les minéraux. C'est à des échelles de quelques angströms que les hydrogènes des molécules d'eau, attirés par les oxygènes des minéraux viennent déloger les gros cations et autres atomes pour prendre leur place. Les minéraux des roches sont ainsi dissociés et les atomes les plus mobiles, comme le calcium, le potassium… sont évacués par le flux de molécules d'eau, alors que les moins mobiles comme le silicium et l'aluminium vont rester sur place et se recombiner en nouveaux minéraux, de très petite taille : les argiles ou phyllosilicates.

Progressivement, les roches les plus dures sont transformées en une argile malléable qui constitue le sol. Le sol qui s'est développé sur cette croûte n'est qu'un épiderme qui peut atteindre jusqu'à 300 mètres d'épaisseur.

LA STRUCTURATION DU SOL

Les minéraux du sol sont très petits, de l'ordre de quelques milliardièmes de mètre.

Ils sont semblables à des valises qu'on remplirait de nutriments et de molécules d'eau.

Ils s'hydratent et se déshydratent, gonflent et s'affaissent au gré des saisons, se regroupent en agrégats de plus grosses tailles : c'est la structure du sol.

Le sol se structure à différentes échelles. L'argile se présente comme des petits feuillets entre lesquels peuvent se loger de nombreux nutriments (phosphore, calcium, magnésium…) dont aura besoin la plante pour pousser. Les cations situés entre les feuillets de l'argile s'entourent de molécules d'eau, ce qui leur permet de s'hydrater et de se déshydrater au rythme des saisons. Elles formeront des agrégats limités par des fissures. C'est parce que le sol a une structure qu'il est perméable aux racines et à la circulation de l'eau de pluie et c'est parce que cette structure change au fil des années que l'argile peut livrer la totalité de ses nutriments. Les sols rouges des zones équatoriales ont des structures poreuses, dites en poudre de café.

Il y a 450 millions d'années, les continents étaient majoritairement regroupés dans l'hémisphère sud. Si la vie a quitté les océans, c'est parce que ces derniers étaient recouverts d'un manteau d'argile qui pourvoyait des nutriments pour les espèces. En pénétrant les continents, la vie végétale a pu se construire grâce à la photosynthèse. Elle a, en copropriété, fait vivre le sol que nous connaissons aujourd'hui en restituant à chaque saison des débris fragmentés puis transformés en molécules assimilables par des milliards de bactéries. La roche mère livrait son argile dans lequel toutes ces molécules trouvent refuge en attendant que l'eau les transfère jusqu'aux racines des végétaux.

Il faut un millénaire pour fabriquer quelques millimètres à quelques centimètres d'argile. Les sols d'Europe septentrionale dont l'épaisseur varie d'un à deux mètres ont l'âge de la déglaciation, les glaciers ayant laissé des roches nues en se retirant. Les sols des latitudes tropicales sont en revanche beaucoup plus épais. Si le sol d'un pays tempéré peut être noir à cause de sa richesse en matière organique, celui d'un pays tropical sera pratiquement dépourvu d'humus, les bactéries étant très actives sous ces latitudes.

La terre d'argile ne suffit pas pour constituer un sol, il faut aussi de l'eau. Cette eau de pluie ruisselle, pénètre les sols, reste dans les argiles et sera en partie drainée vers les nappes phréatiques. Une autre partie aura une remontée capillaire, une autre s'évaporera, une autre enfin se mélangera avec des nutriments pour constituer la sève. Ce cycle de l'eau est essentiel pour l'agriculture. En 2005, l'agriculture consommait 86 % de l'eau douce dans le monde (6 400 Gm³ par an). L'augmentation de la population nous obligera à utiliser plus de terres arables et plus d'eau douce. Une partie de cette eau proviendra de la pluie (« eau verte », 5 330 Gm³ par an) et des nappes et fleuves (« eau bleue », 1 070 Gm³ par an).

Les surfaces irriguées ont été multipliées par 40 au cours des 200 dernières années. Entre 1950 et aujourd'hui, nous sommes passés de 100 à 350 millions d'hectares irrigués. Parmi les terres irriguées, nous comptons déjà pratiquement 50 millions d'hectares qui ne sont plus cultivables. Nous étendrons dans le futur l'irrigation et la surface des terres arables

L'EAU DANS LE SOL

Les eaux d'irrigation

Ces 200 dernières années, les surfaces irriguées ont été multipliées par 40.
Depuis 1950, elles sont passées de 100 à 350 millions d'hectares.
À la fin XXe siècle, en 10 ans, elles ont augmenté de 16 % en Afrique, 25 % en Amérique du Sud , 25 % en Asie, 33 % en Europe , 65 % en Russie.
Déjà 50 millions d'hectares ne sont plus cultivables.
D'ici 2025, 50 % des terres irriguées perdront leur productivité à cause de leur salinisation.

Dans les pays semi-arides et arides

Vouloir atteindre la sécurité alimentaire est, à moyen terme, suicidaire ! On vide l'eau des fleuves, des nappes fossiles, des mers intérieures; on épuise, pollue et salinise les sols fragiles de ces régions. L'Égypte ou la Jordanie sont deux cas particulièrement exemplaires. L'irrigation et la salinisation de la mer d'Aral en est un autre.

L'eau douce sera nécessaire pour doubler la production agricole

5 % de l'eau de pluie qui tombe sur les continents est actuellement utilisée.
On en utiliserait 6,5 % en 2050.
3 % du débit des fleuves sont prélevés pour usages alimentaires; il faudrait passer à 15 % en 2050 pour irriguer les cultures dont on aura besoin.

qui sont limitées. Si nous prélevons actuellement 3 % du débit des fleuves pour des usages alimentaires, nous devrions en prélever 15% en 2050.

Les pays semi-arides et arides qui souhaiteront obtenir leur autonomie alimentaire auront recours à l'irrigation. Or le souhait d'atteindre cette autonomie à moyen terme est suicidaire puisqu'il impliquera le pompage des nappes fossiles et l'épuisement de sols fragiles. Les cas de l'Égypte et de la Jordanie sont intéressants à cet égard. La Jordanie fait attention à ses nappes (pompant environ 1 milliard de mètres cubes par an et achetant l'équivalent de 7 milliards de mètres cubes sous forme de nourriture). La notion d'eau virtuelle a deux intérêts : elle permet d'une part à l'agriculteur de toucher du doigt le prix réel de l'eau et d'autre part d'éviter l'épuisement des terres cultivables et des nappes fossiles. L'Égypte a pris le chemin inverse, son irrigation entrainant une forte salinisation. Ainsi, la terre est irriguée, même dans les régions tropicales.

LA BIODIVERSITÉ DANS LE SOL

Dans un gramme de sol vivent des millions de bactéries qui décomposent les végétaux et les transforment en molécules assimilables. Le sol contient également des vers de terre qui brassent 200 tonnes d'argile par hectare et par an. Sous les 20 premiers centimètres d'un hectare de prairie, nous trouvons une biomasse équivalente à 500 moutons en termes de biomasse. Ce chiffre est divisé par 5 lorsque le sol est cultivé.

L'érosion naturelle de 11 milliards de tonnes par an a été multipliée par 2,4 par l'homme (26 milliards de tonnes par an) à travers la déforestation et le labour. La simple déforestation modifie le ruissellement qui augmente de 15 à 20 fois, le flux des rivières (10 % de la pluviométrie sous forêt) augmente de 5 fois en cas d'orage sévère. Une dizaine d'années suffisent à détruire un sol dont la constitution a nécessité plusieurs dizaines de millénaires. L'urbanisation, qui recouvre l'argile et se poursuit au rythme de 100 mètres carrés par seconde aux États-Unis et 500 mètres carrés par seconde en Chine ou au Brésil constitue un autre problème critique. Les terres arables sont dégradées à hauteur de 0,3 à 0,5 % chaque année.

Mais cet exposé quelque peu alarmiste ne doit pas dissiper tout espoir ! Il reste des solutions.

RÉFÉRENCES BIBLIOGRAPHIQUES

(1) Nahon D., 2008. *L'épuisement de la terre. L'enjeu du XXIe siècle.* Odile Jacob.

Biodiversité marine et continentale

Gilles Boeuf*

En 2006, une équipe de scientifiques découvrent entre 50 et 60 nouveaux crustacés par jour sur l'île d'Espiritu Santo lors d'une « grande expédition » dans l'archipel du Vanuatu.

Décrire, compter des espèces, nous sommes loin de représenter toute la biodiversité ! À Banyuls-sur-mer, la biodiversité terrestre serait plutôt dérisoire à ne compter que la vigne ! Et pourtant, chaque mètre carré de culture produit un vin différent, grâce à la génétique de cette plante et aux caractéristiques naturelles ou de vinification. Cet exemple offre une image de la biodiversité qui n'est pas seulement liée au recensement des espèces. Les micro-organismes ne doivent pas être négligés dans les questions qui nous intéressent et l'un des plus beaux écosystèmes est… notre intestin [1] ! Il existe aujourd'hui un peu moins de 300 000 espèces marines connues et environ 1,7 million d'espèces continentales déposées dans les musées d'histoire naturelle. Je dirai donc, pour introduire le sujet, que la biodiversité est la fraction vivante de la nature dans sa diversité et sa complexité [4, 12].

*Président du Muséum national d'histoire naturelle, professeur à l'université Pierre et Marie Curie, unité Biologie intégrative des organismes marins.

La Terre s'est formée il y a 4,6 milliards d'années (MdA). Si les premières traces de vie remontent à 3,85 MdA, les premiers fossiles datent quant à eux de 3,4 ou 3,5 MdA. Trois événements essentiels ont eu lieu dans le milieu marin ancestral :
• le passage de la cellule procaryote à la cellule eucaryote, celle-ci devenant plus grosse, nucléée et plus complexe ;
• la pluricellularité, vers 2,2 MdA et la capture de bactéries symbiontes, qui sont devenues aujourd'hui les mitochondries et les plastes dans la lignée verte ;
• enfin, l'apparition de la stratégie sexuée de reproduction chez les procaryotes et les eucaryotes remonterait à environ 1,5 MdA.

Au Muséum, des « arbres de vie » ont pu être construits avec les bactéries, les archées et les eucaryotes. Ceux-ci viendraient non pas des bactéries mais des archées. Après l'apparition de la vie dans l'océan ancestral (pendant 90 % de l'histoire de la Terre, du moins pour la vie métazoaire élaborée, la vie a été exclusivement marine) interviendront les sorties des océans. Les relations intimes entre l'eau, l'inerte et le vivant sont à la base

MESURER LA BIODIVERSITÉ SIGNIFIE…

Compter les espèces.

Estimer l'abondance relative des espèces dans un milieu.

Étudier les caractéristiques des habitats.

Développer des techniques d'écologie moléculaire (mesure de la sous-unité 16 (ou 18S) de l'ARN ribosomal) qui révèlent la grande diversité des procaryotes et des petits eucaryotes, totalement insoupçonnée jusque-là.

Procéder au séquençage complet de l'ADN des espèces clés, au séquençage d'une trentaine de gènes, *Barcoding of Life*, et à celui de toutes les espèces déposées.

Développer d'autres techniques génétiques comme l'étude des haplotypes, celle du nombre d'allèles ou du degré d'hétérozygotie.

de la vie sur notre Terre. Nous connaissons aujourd'hui 4 500 espèces minérales dont les deux tiers sont d'origine vivante (interactions avec les microorganismes). Seuls deux groupes d'animaux arriveront, il y a environ 440 millions d'années (MA), à sortir de l'océan : les arthropodes qui deviendront les insectes dans les forêts du Dévonien puis surtout du Carbonifère et les pré-vertébrés qui deviendront des amphibiens. Le retour à l'océan se fera avec les cétacés, longtemps après la sortie des eaux et après la disparition des grands dinosaures, vers 55 MA.

Depuis 570 MA, cinq grandes crises d'extinctions ont été recensées. Au cours de la troisième, dénommée PT (pour « Permien-trias »), 96 % du vivant s'est éteint, sur entre 300 000 et 2 millions d'années et il a fallu une période d'au moins 10 millions d'années pour revenir à la diversité antérieure. Au Muséum, des chercheurs ont pu mettre en évidence qu'à cette époque une augmentation rapide du CO_2 dans l'atmosphère et un effondrement de l'oxygène, autant dans l'air que dans l'eau, étaient en grande partie responsables de cet événement. Or la spéciation du vivant est toujours étroitement liée à l'environnement. Des chercheurs de Montpellier [9] ont pu démontrer, après avoir séquencé 137 gènes sur tous les mammifères tatous et paresseux, que les espèces apparaissent surtout à des époques de changements environnementaux intenses. Ainsi, l'homme crée-t-il aujourd'hui des conditions exceptionnelles de spéciation.

Actuellement, l'océan n'abrite que 13 % de la diversité spécifique [10, 14], tout d'abord parce qu'il est moins connu que les continents, mais aussi parce qu'il est unique et depuis très longtemps. Toutefois, ce qui nous importe est la vitesse à laquelle les espèces évoluent. Certains milieux marins présentent des conditions extrêmement stables qui sont idéales pour les espèces existantes mais ne favorisent pas la spéciation nouvelle. N'oublions jamais les micro-organismes ! Dans un mètre cube d'eau de mer, que ce soit à Banyuls, au Kamtchatka ou en Patagonie, nous trouvons 20 % de séquences d'ADN connues et 80 % de séquences inconnues (virus, bactéries, protozoaires, micro-algues, etc.) mais la diversité spécifique est mal répartie sur la Terre puisque 90 % des espèces vivantes vivent aujourd'hui sur 10 % des terres émergées.

Comment expliquer ces différences entre le milieu marin et le milieu terrestre [5] ? Il semblerait que la sur-représentativité des espèces terrestres soit assez récente. Jusqu'à il y a 110 millions d'années, on recense le même nombre de fossiles marins et terrestres (depuis la sortie des océans). L'équilibre sera rompu avant la cinquième crise d'extinction, l'explosion des espèces terrestres étant probablement due à une coévolution entre plantes et pollinisateurs. Par ailleurs, il existe plus d'espèces très localisées sur terre que dans les mers à cause de la dispersion des gamètes et des larves en milieu marin. L'endémisme est une caractéristique beaucoup plus développée sur terre qu'en mer : des espèces peuvent vivre sur terre sur seulement 3 000 mètres carrés (certaines grottes) ce qui n'est pas possible en mer (au moins des dizaines de km²).

Comment estimer la diversité biologique sans connaitre toutes les espèces qui composent les écosystèmes ? De nouvelles techniques basées sur une écologie moléculaire ont été récemment mises au point. Cette nouvelle taxonomie est notamment basée sur le séquençage de gènes lors de l'archivage d'une espèce (*Barcode of Life*), mais aussi approchée par le métaséquençage. La question fondamentale est aussi d'être capable d'évaluer la biodiversité d'un milieu sans connaître impérativement toutes les espèces vivantes qui le peuplent (et c'est toujours le cas !) : « chaque espèce a-t-elle la même « valeur » au sein de sa niche écologique ? » [8]. Que représente une liste d'espèces pour estimer la biodiversité ? Les questions de pertinence des données et des échelles n'ont pas le même sens aux plans écologique et biogéographique. Les questions de richesse en espèces, d'abondance, de biodiversité, de diversité phylogénétique, d'histoire de la diversité, de phylogéographie, de biogéographie ont leur importance : comment ces données sont-elles utilisables pour en déduire des stratégies de conservation, voire de compensation ou de restauration ? Tous ces aspects ont été discutés, analysés, revus et synthétisés depuis 2005 et les travaux relatifs sont en plein essor. En 2005, le *Millennium Ecosystem Assessment* [13] remet au goût du jour la notion de service rendu par les écosystèmes et précise que les taux actuels de disparition sont de 100 à 1 000 fois plus rapides que ceux calculés sur les 50 derniers millions d'années. Aujourd'hui, une espèce vivante disparait de la surface de la Terre toutes les 20 minutes.

Nous acheminons-nous vers la sixième grande crise d'extinction [2] pour des raisons de destruction des habitats, de pollution, de surexploitation des stocks, de disséminations et de proliférations d'espèces, de climat changeant et d'acidité croissante de l'océan [3] ?

Ces considérations ont déclenché la réaction des États et la Conférence française pour la biodiversité nous a réunis au mois de mai 2010 à Chamonix. La conférence de Rio (juin 1992) avait permis de dresser un constat tout à fait intéressant, celle de Johannesburg a fixé un objectif de frein de l'érosion de la biodiversité pour 2010. La conférence de l'Unesco de 2010 à Paris se donne pour ambition de l'arrêter d'ici à 2020. Or pourquoi réussirions-nous mieux entre 2010 et 2020 dans un domaine ou nous avons manifestement échoué entre 2002 et 2010 ? Paul Cruetzen avait introduit le terme d'anthropocène en 2002 pour désigner le temps durant lequel le plus puissant moteur évolutif sur la Terre est l'humain et ses activités (discuté dans [10]). Stephen Palumbi [15], dans la même veine, rappelle les dégâts provoqués par une seule espèce dans un texte remarqué dans *Science* en 2001. Butchart et ses co-auteurs [6] démontrent l'urgence de la situation.

La biodiversité est un enjeu scientifique pour les chercheurs qui essaient de faire comprendre aux politiques le caractère prioritaire de la question. Elle représente en outre un enjeu éthique, un enjeu de santé [11] et un enjeu social. Les sciences de la nature, de l'homme et de la société ne peuvent travailler qu'en étroite collaboration. Le colloque qui é été organisé à Monaco à la mi-novembre 2010, *Economics of ocean acidification* a tenté d'estimer le coût que devra payer l'humanité à la chute du pH des océans, qui était très stable depuis au moins 20 millions d'années. Notons que certaines espèces, « apparemment insignifiantes » ont permis à des scientifiques de recevoir le prix Nobel grâce à leurs caractéristiques particulières, tout est dans le choix du modèle !

Il faudra s'adapter ou disparaître, et donc tout faire pour limiter nos impacts sur l'environnement. De toute façon, un système dans lequel 20 % des humains contrôlent et consomment 80 % des ressources n'est pas soutenable ! Le capital naturel ne peut indéfiniment être appauvri et nous ne pouvons nous passer des services rendus par les écosystèmes [16].

Une prise de conscience généralisée est en cours, suivrons-nous un rythme de changement de nos habitudes au moins aussi rapide que celui des changements environnementaux de tous ordres que nous déclenchons autour de nous ? Nous n'avons plus beaucoup de temps !

RÉFÉRENCES BIBLIOGRAPHIQUES

(1) Arumugam M., Raes J., Pelletier E. *et al.*, 2011. Enterotypes of the human gut microbiome. *Nature*, 473 : 174-180.

(2) Barnosky A.D., Matzke N., Tomiya S., *et al.*, 2011. Has the Earth's 6th mass extinction already arrived? *Nature*, 471 : 51-57.

(3) Boeuf G., 2008. Quel avenir pour la biodiversité ? In : *Un monde meilleur pour tous,* sous la dir. de J.-P. Changeux, Reisse J eds. 2010. Collège de France, Odile Jacob éditeurs, p. 46-98.

(4) Boeuf G., 2010. Quelle Terre allons-nous laisser à nos enfants ? In : *Aux origines de l'environnement,* sous la direction de P.Y. Gouyon, H. Leriche, p. 432-445. Fayard.

(5) Boeuf G., 2011. Specificities of the marine biodiversity. *CR Biologies*, 334 : 435-440.

(6) Butchart S.H.M., Walpole M., Collen B. *et al.*, 2010. Global biodiversity : indicators of recent declines. *Science*, 328, 1164-1168.

(7) Chevassus-au-Louis B., Salles J.M., Pujol J.L., 2009. *Approche économique de la biodiversité et des services liés aux écosystèmes.* Rapport du Centre d'analyses stratégiques. Documentation française, n° 18-2009.

(8) Chiarucci A., *et al.*, 2011. Old and new challenges in using species diversity for assessing biodiversity ? Phil. Trans. R. Soc. B., 366, 2426-2437

(9) Delsuc F., Vizcaino S.F., Douzery E.J. 2004. Influence of tertiary paleoenvironmental changes on the diversification of South American mammals; a relaxed molecular clock study within xenarthrans. *BMC Evolutionary Biology* 4, 11.

(10) Jones N., 2011. Human influence comes to age. *Nature*, 473, 133.

(11) Keesing F., Belden L.K., Daszak P. *et al.*, 2010. Impacts of biodiversity on the emergence and transmission of infectious diseases. *Nature*, 468 : 647-652.

(12) Lévêque C., Mounolou J.C., 2001. *Biodiversité. Dynamique biologique et conservation.* Dunod.

(13) *Millennium Ecosystem Assessment.* Rapport de synthèse de l'évaluation des ecosystems pour le millénaire. Version finale. 2005. (www.maweb.org/documents/document.447.aspx.pdf).

(14) Mora, C., Tittensor D.P., Adl S. *et al.*, 2011. How many species are there on the Earth and in the ocean? *PLoS Biology* 9, e1001127.

(15) Palumbi SR., 2001. Humans as the world's greatest evolutionary force. *Science*, 293 : 1786-1790.

(16) Pereira H.M., Leadley P.W., Proença V. *et al.*, 2010. Scenarios for global biodiversity in the 21st century. *Science*, 330 : 1496-1501.

Une mer sans poissons ?
Vers des pêches lentes

Philippe Cury*

*Directeur du Centre
de recherche halieutique
méditerranéenne
et tropicale, IRD Sète.

La pêche est notre dernier grand modèle d'exploitation d'une ressource renouvelable sauvage, c'est-à-dire d'une ressource dont nous ne pouvons pas contraindre la production. Toutefois, nous pouvons nous demander si nous ne sommes pas sur la voie d'une maîtrise des océans et de la pêche. Allons-nous basculer dans des systèmes de production « modernes » d'aquaculture ? Les pêches vont-elles disparaître faute de poisson ? Ces questions sont aujourd'hui posées dans des journaux comme *Science* qui remettent en cause le futur des pêcheries mondiales [4].

DES RESSOURCES INÉPUISABLES

Les affirmations candides du passé...

« La pêche en mer est libre, car il est impossible d'en épuiser les richesses »[25] (Hugo Grotius, *Mare Liberum*, 1651).

« On a calculé que si aucun accident n'arrêtait l'éclosion de ces œufs et si chaque cabillaud venait à sa grosseur, il ne faudrait que trois ans pour que la mer fût comblée et que l'on pût traverser à pied sec l'Atlantique sur le dos des cabillauds » (Alexandre Dumas, *Grand Dictionnaire de Cuisine*, 1871).

... avaient déjà été tempérées lors de la Grande exposition internationale sur la pêche de Londres en 1883.

« Rien de ce que nous faisons ne peut affecter le nombre de poissons » disait Thomas Huxley, mais « Une erreur serait de croire que l'océan était un vaste grenier dont les ressources sont infinies » ajoutait Ray Lancaster.

La mer est un milieu invisible qui a toujours suscité de nombreux fantasmes et l'homme a de tout temps imaginé la mer comme une ressource inépuisable. De grands penseurs tels que Grotius ont écrit des livres sur le droit de la mer, jetant les bases de tout ce qui allait se produire plus tard, notamment la façon dont l'accès aux ressources marines allait être gérée dans le futur. Pour eux, la pêche en mer devait être libre. Au XIXe siècle, les scientifiques ont pensé que la pêche permettait de réguler la population des océans, convaincus d'une incroyable capacité de reproduction des espèces marines. Si certains, tels que Thomas Huxley affirmait que rien de ce que nous faisions ne pouvait affecter le nombre de poissons peuplant les océans, d'autres évoquaient déjà un besoin de gestion.

---

25. Dans son livre Mare Liberum (*De la liberté des mers*), Hugo Grotius a formulé le nouveau principe selon lequel la mer était un territoire international et que toutes les nations étaient libres de l'utiliser pour le commerce maritime

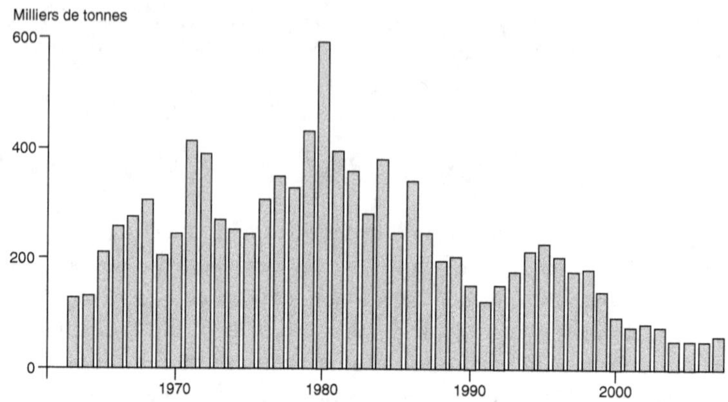

Figure 40
Évolution récente des captures de morues en Mer du Nord montrant l'effondrement des ressources dans cet écosystème

Le professeur Niels Daan (*Institute for Marine Resources and Ecosystem Studies*, Pays-Bas), qui a travaillé pendant 40 ans sur la morue en Mer du Nord, a récemment admis qu'il avait été incapable de gérer les stocks de poissons (figure 40). Durant sa carrière en grande partie dédiée à une espèce emblématique, la morue, lui et ses collègues scientifiques avaient constaté, presque impuissants, l'inexorable déclin des ressources en Mer du Nord et la chute des captures. Les hommes sont des consommateurs sans limite du monde marin. En quelques décennies, la part des stocks de poissons provenant de l'aquaculture dans nos poissonneries est passée de 20 à 50 %. Les poissons vendus sont de plus en plus petits et de nouvelles espèces ont faits leur apparition au fur et à mesure que les stocks étaient surexploités et que de nouvelles espèces autrefois non considérées étaient commercialisées. Les Français ne produisent qu'environ 35 % de la consommation nationale et 10 millions de tonnes de poissons sont chaque année importées en Europe depuis les pays du Sud (Afrique du sud, Argentine, Pérou, Chili, etc.). Ces importations ont des conséquences importantes sur la consommation en poissons des pays du Sud. Si, dans les années 1980, les pêcheurs sénégalais pêchaient entre 4 et 80 mérous par jour pendant la saison de pêche, cette espèce a aujourd'hui disparu

THE SEA AROUND US PROJECT

Le projet *Sea Around Us* a été initié en 1999 par Daniel Pauly de l'UBC (université de Colombie britannique, Canada) afin d'étudier l'impact de la pêche sur les écosystèmes marins mondiaux et offrir des solutions aux différentes parties concernées. Ces études s'appuient sur l'analyse et la visualisation de données, des articles scientifiques ainsi que d'autres supports médiatiques. Des mises à jour à différentes échelles - zone économique exclusive de chaque pays, grands écosystèmes marins, haute mer - ainsi que des cartes et des résumés sont régulièrement proposés. L'accent est mis sur les séries statistiques de capture des produits de la mer depuis 1950, sur des séries associées (valeur des captures, capture par type de pêche), ainsi que sur les informations relatives à la pêche pour chaque pays maritime (subventions gouvernementales, aires maritimes protégées, biodiversité marine). Sont également fournies des informations aussi variées que l'expansion historique de la pêche, les performances des organisations régionales de gestion de la pêche (RFMO) ou encore les effets possibles du changement climatique sur la pêche (source : seaaroundus.org).

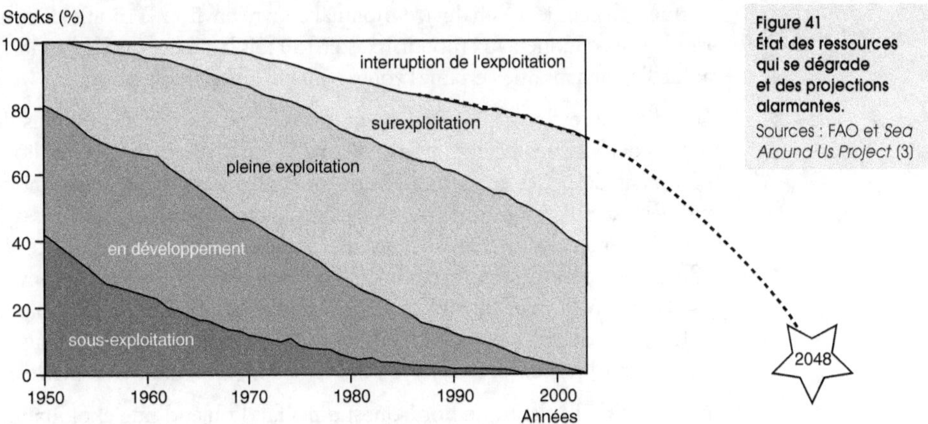

Figure 41
État des ressources qui se dégrade et des projections alarmantes.
Sources : FAO et *Sea Around Us Project* (3)

des eaux sénégalaises, obligeant les locaux à changer de plat traditionnel car les quelques exemplaires pêchés sont aussitôt exportés.

Après la seconde guerre mondiale, des techniques militaires ont été mises au service de la capture du poisson. Système de positionnement des navires, sonar, radar sont alors utilisés pour traquer les poissons dans tous les océans. Entre les années cinquante et la fin des années quatre-vingts, la pêche a enregistré une croissance constante. L'année 1987 est celle de l'atteinte d'un plateau qui peut, à première vue, être associé à une politique responsable de gestion. Toutefois, une analyse détaillée de la situation suffit à nous convaincre de l'erreur que nous commettrions à interpréter les chiffres de la sorte. Depuis 1987, les captures mondiales (hors la pêcherie d'anchois du Pérou) diminuent à raison de 400 000 tonnes par an. Un article paru en 2006 proposait de réaliser une projection à partir des tendances lourdes d'exploitation [3]. Il a montré pour la première fois que les pêches avaient un caractère fini à l'horizon 2048 (figure 41).

Il faut se pencher à présent sur l'abondance des poissons dans les océans. Les chercheurs ont effectué une reconstitution de l'abondance en poissons de l'Atlantique nord en 1900 à partir de modèles et d'analyses écologiques rétrospectives [1]. L'abondance des zones côtières atteignait 8 à 10 tonnes par kilomètre carré. En 2000, les mêmes calculs permettent de mettre au point une carte dans laquelle il n'y a quasiment plus de poissons. Mais comment parvenons-nous à maintenir des captures si élevées avec une telle diminution ? Nous réalisons cette prouesse grâce à la technologie, à la puissance de pêche. Les nouveaux bateaux sont plus gros et équipés d'appareils électroniques très puissants qui permettent de localiser les ressources. Un bateau mis en service dans les années soixante-dix pour la pêche au thon a multiplié son volume de pêche par 7 en seulement 30 ans alors que l'abondance du poisson a diminué de plus de 50 % dans la même période dans l'océan Indien (Alain Fonteneau, communication personnelle). Les politiques européennes de « mise à la casse » des bateaux ont échoué. L'effort effectif s'est en réalité accru de 20 % malgré une baisse des effectifs de bateaux de 25 % cette dernière décennie. Le chalutage mondial couvre environ la moitié de tous les plateaux continentaux mondiaux, soit 150 fois la surface de déforestation annuelle, sachant que certaines zones sont chalutées 8 fois par an.

Les prises accessoires sont également problématiques. Sur 85 millions de tonnes de poissons pêchés, nous rejetons en mer entre 10 et 27 millions de tonnes de prises accessoires. Dans un contexte de surexploitation, ce problème acquiert une dimension véritablement critique. Nous avons essayé d'améliorer les chaluts mais aucune tendance lourde ne laisse penser que ces efforts aient été efficaces. Au cours des 30 dernières années, le poids moyen d'un poisson est passé de 800 à 175 grammes dans l'Atlantique nord-ouest. Cela signifie que les océans sont remplis de poissons juvéniles. Nous constatons aujourd'hui un déclin moyen de 84 % des grands animaux marins.

La morue de l'Atlantique nord-ouest qui a fait l'objet d'une exploitation soutenue pendant 400 ans est devenue particulièrement rare dans cet écosystème depuis 1992. Entre les années soixante-dix et deux mille, les stocks ont diminué de 96 %. Les pêcheurs, qui déploient leurs filets dans les zones où les morues se sont regroupées suite à l'effondrement des stocks, affirment qu'il reste du poisson dans les mers. Cet effondrement a pour conséquence la prolifération des petits poissons, phénomène faiblement réversible appelé cascade trophique par les écologistes. En effet, les petits poissons mangent les œufs de morue, ce qui altère considérablement la capacité de recouvrement des populations de morues.

Les pêcheries ont fonctionné sur le mode des razzias : 80 % des stocks sont surexploités et les experts estiment qu'il y a deux à trois fois trop de bateaux à l'échelle mondiale (figures 42 et 43, planche VII). La Banque mondiale a estimé la perte de rente à 51 milliards de dollars alors que la pêche en produit 85 milliards. Le système n'est viable que parce qu'il est subventionné (de l'ordre de 100 % dans notre pays). Il s'agit de l'un des systèmes d'exploitation les plus subventionnés au monde et, pourtant, le nombre d'emplois du secteur est en chute libre. La productivité de la pêche est maintenue grâce à des stratagèmes : nous allons pêcher dans des eaux plus profondes, des espèces de moindre valeur ou peu consommées, toujours plus loin. Nous avons par ailleurs masqué les effondrements locaux en mondialisant les marchés et en subventionnant les pêcheries. Ce système nous rappelle la pyramide de Ponzi, qui a inspiré Bernard Madoff aux États-Unis et qui illusionne sur la croissance d'un système. En empruntant toujours plus sur le capital naturel, les pêcheries ne sont aujourd'hui plus viables dans la plupart des cas.

La pêche va-t-elle survivre ? Les exemples de la Namibie qui n'a pas mis en place de politique de gestion de la pêche, et de l'Afrique du Sud qui a une approche précautionneuse et coordonnée avec la recherche, sont tout à fait parlants. L'écosystème namibien qui produisait 10 millions de tonnes de sardines a désormais une production nulle. Les stocks de sardines, d'anchois et de merlus se sont également effondrés, fragilisant les populations d'oiseaux et de mammifères marins. L'Afrique du Sud a connu une fluctuation de ses stocks mais son approche précautionneuse lui permet de maintenir des pêcheries viables, illustrant ainsi qu'une gestion précautionneuse permet de maintenir des écosystèmes productifs et des pêcheries viables.

La technologie a tué la pêche car elle rend incompatible l'adéquation entre les taux de renouvellement des espèces et leur exploitation. Pour le futur, nous devons envisager des stratégies de pêche qui permet de concilier la lenteur des taux de renouvellement naturel avec l'exploitation. Des pêches lentes avec des technologies adaptées permettraient d'aller lentement, de rester petit, de manger moins et manger mieux.

Le fonctionnement des pêcheries mondiales se fait actuellement sur le mode des razzias, un système d'exploitation qui révèle aujourd'hui ses limites :
• 80 % des stocks de poissons sont pleinement à très surexploités (source FAO) ;
• il y a surcapacité de pêche : on pêche de moins en moins malgré un effort de pêche toujours grandissant (2 à 3 fois trop de bateaux au niveau mondial) (source FAO) ;
• le coût annuel de la surexploitation au niveau mondial est énorme: la perte de rente est estimée à 51 M$ alors que le produit de la pêche est de l'ordre de 85 M$ (source Banque mondiale) ;
• les subventions (20-35 M$ au niveau mondial, en France comparable à la valeur des débarquements annuels) renforcent les problèmes liés à la surexploitation ;
• le nombre d'emplois est en chute libre en Europe (il est passé de 30 000 à 12 000 pêcheurs en France en moins de 30 ans).

Les effets de l'exploitation halieutique sur la productivité globale des océans sont cependant masqués par des « stratagèmes » qui masquent les effets réels de l'exploitation sur les écosystèmes :
• pêcher plus profond des espèces de moindre valeur ou jusqu'alors non consommées (poissons profonds) ;
• et masquer les effondrements locaux en mondialisant les marchés et en subventionnant les pêcheries.

L'exploitation des ressources marines doit être repensée en profondeur. Si l'on veut assurer un avenir durable à la pêche, il faudra immanquablement proposer de nouveaux modes d'exploitation qui deviennent économes en énergie fossile, respectueux de la biodiversité, et qui s'adaptent aux capacités de renouvellement des stocks. À ce prix seulement, serons-nous capables de parler de développement durable pour l'exploitation des ressources marines et de développer des pêcheries lentes pour une nature qui n'est définitivement pas aussi rapide que nous ?

RÉFÉRENCES BIBLIOGRAPHIQUES

(1) Christensen V., Guénette S., Heymans J.J., *et al.*, 2003. Hundred-year decline of North Atlantic predatory fishes. *Fish and Fisheries*.
(2) Cury P., Miserey Y., 2008. *Une mer sans poissons*. Calmann-Lévy.
(3) Worms B., 2006. Impacts of Biodiversity Loss on Ocean Ecosystem Services. *Science*, 314.

FRAGMENTS DE DÉBATS

Marion Guillou

Nous n'avons pas abordé la question de l'environnement externe, chacun des intervenants ayant systématiquement effectué un aller-retour entre l'environnement et l'action des hommes. Nous sommes donc d'accord sur le fait qu'il est intéressant de regarder l'environnement en tant qu'acteurs. J'aborderai quant à moi l'environnement à partir des systèmes alimentaires pour montrer à quel point nous ne pouvons pas cloisonner les questions de durabilité. Il existe plusieurs facteurs déterminants concernant notre capacité à nourrir le monde de manière durable : démographie, croissance, coût de l'énergie, régime alimentaire. Par ailleurs, les pertes et les gaspillages constituent des facteurs prépondérants dès lors que l'écart entre la production et la consommation oscille entre 30 et 50 %. Nous voyons avec cet exemple l'importance des facteurs humains et économiques dans les questions agricoles. Pour nourrir la planète de manière durable, nous avons le choix entre l'extension des surfaces cultivées et l'accroissement des rendements. L'arbitrage dépendra de la zone géographique concernée. (…)

Gilles Boeuf

Aujourd'hui, nous estimons que le nombre d'espèces vivant sur Terre fluctue entre 10 et 30 millions et que la diversité actuelle représente 1 à 2 % des toutes les espèces ayant vécu sur la planète depuis les origines de la vie. Par ailleurs, nous ignorons comment fonctionneront les écosystèmes avec moins d'espèces et si les nouvelles seront bénéfiques ou pas à l'humanité. Enfin, nous commençons à mettre en évidence des espèces « clés de voûte » dans les écosystèmes. Celles-ci jouent un rôle fondamental dans la mise en place d'équilibres. Nous devons être extrêmement prudents : mieux vaut prévenir que guérir. (…)

Bernard Chevassus-au-Louis

Il faut dissiper une illusion : les endroits riches en biodiversité ne sont pas des réservoirs de la biodiversité, des ressources pour demain. La biodiversité dont nous aurons besoin sur un champ donné est celle qui s'y trouve aujourd'hui.

Daniel Nahon

Je pense que la recherche doit définir au plus vite les grands objectifs qu'elle souhaite atteindre avant de réunir les compétences et les moyens nécessaires. C'est à cette condition que nous nous rendrons compte qu'il existe des seuils d'irréversibilité. (…)

Philippe Cury

La disparition d'une espèce donnée n'est pas problématique même si, dans le cas de la morue, elle entraine la perte de 30 000 emplois. Toutefois, si nous pouvons être cyniques localement, nous ne pouvons l'être globalement. Toutes les communautés scientifiques échafaudent des scénarios pour le futur et se fixent des objectifs. Nous ne pouvons pas connaitre le futur mais nous pouvons l'anticiper et l'auto-réaliser.

Joël Menard

Le problème du trou dans la couche d'ozone qui a été mis en avant au cours des années 1980, a eu pour conséquence dans le milieu médical de changer les aérosols. Comment se fait-il que ce thème ait été remplacé dans les médias par celui du CO_2. Par ailleurs, avons-nous pu mesurer les bénéfices de la substitution ?

Hervé Le Treut

Le problème du trou de la couche d'ozone a trouvé une conclusion. La différence avec le problème du CO_2 est que les produits en cause concernaient très peu d'industries. Arrêter la production ne résout pas les problèmes dans la mesure où les gaz qui ont été émis dans l'atmosphère y resteront longtemps. Le trou de la couche d'ozone continue d'exister et l'effet de serre a tendance à l'agrandir. Enfin, même si l'intérêt de tous était de trouver une solution au problème du trou dans la couche d'ozone, des résistances idéologiques terribles avaient été exprimées à l'époque. Le problème du CO_2 touche une grande partie de notre industrie. Les groupes de pression à l'œuvre ne sont pas les mêmes. Il n'y a aucune compétition entre les deux effets mais plutôt une succession dans le temps. (...)

Jacques Weber

Pour moi, le chercheur est celui qui perfectionne la formulation du problème et qui sait dire au prince que sa question est mal posée. Je remarque en outre que tous les exposés ont porté sur des consommations de nature. Il me semble qu'il existe un lien entre la gratuité de ces consommations et les constats que nous dressons aujourd'hui. Enfin, les industriels nous disent que le temps de l'innovation des produits est révolu et que nous sommes entrés dans l'ère de l'innovation de systèmes. Je serai très heureux si la recherche s'acheminait vers ce modèle.

Marion Guillou

Il me semble que tout dépendra du caractère collectif des questions et des réponses.

Bernard Chevassus-au-Louis

Je suis d'accord avec cela. Par ailleurs, je crois que les progrès ayant été accomplis dans le domaine de l'eau sont dus au fait qu'un coût ait été associé aux prélèvements. Il me semblerait pertinent de donner une valeur à la consommation des sols.

Daniel Nahon

Le système économique génère des raretés. Il faudrait que ces raretés aient de manière rétroactive une influence sur le système économique. Il faudrait en outre changer la mesure de la performance sociale qui est aujourd'hui basée sur le PIB. Enfin, j'insiste sur le fait que l'irrigation est une aberration économique et écologique. Donnons un prix à l'eau qui est en train de changer de statut puisque nous avons désormais beaucoup plus d'eau salée que d'eau douce dans les cours d'eau !

Marion Guillou

Il existe des zones dans lesquelles l'irrigation est indispensable. Je pense que les situations locales demandent des réflexions particulières. (...)

FRAGMENTS DE DÉBATS

Hervé Le Treut

Le seuil de 2 degrés (d'augmentation de la température) a été choisi par les politiques, pas par les scientifiques. L'Union européenne était dans son rôle en effectuant ce choix. Le critère de température n'est d'ailleurs pas inadéquat puisqu'il est le plus proche du rôle radiatif des gaz à effet de serre. Ce choix de seuil - que nous dépasserons sans doute - a probablement posé un problème dans la dynamique de négociation.

Daniel Nahon

Il ne faut pas perdre de vue qu'il s'agit d'une augmentation de la température moyenne à la surface de la planète. Les terres et les roches se réchaufferont plus vite que les mers, ce qui posera un véritable problème à l'agronomie. (...)

Claudine Junien

Nous pouvons imaginer qu'il sera nécessaire de faire des sacrifices à tous les niveaux et que ces derniers entraineront des résistances. Qu'est-ce qui fait que la conscience d'un danger s'accompagne d'un passage à l'acte ?

Marion Guillou

La prescription négative a été très peu efficace sur les comportements alimentaires. Les méthodes ont été fructueuses lorsque les prescriptions allaient avec la possibilité de faire, lorsque nous agissions sur la sensation de satiété et sur des facteurs d'environnement particuliers.

Bernard Chevassus-au-Louis

Je pense que c'est à travers les représentations dans l'esprit du public que nous parviendrons à changer les comportements.

Hervé Le Treut

Lorsque nous pensons à l'action, en particulier dans le domaine du changement climatique, nous sommes obligés de nous poser la question du lien avec la démocratie. Nous ne pouvons pas imaginer que le public accepte des idées qui auront été formulées comme telles par des experts. Il faut une phase de maturation démocratique des solutions.

Gilles Boeuf

Nous devons être pragmatiques et avoir à l'esprit que le changement climatique est un phénomène déjà en marche auquel il conviendra de s'adapter par des mesures idoines. Toutefois, nous pouvons intervenir sans plus attendre sur la surpêche du thon rouge en Méditerranée ou l'irrigation des sols. Tout ceci n'a aucun lien avec le changement climatique. Ne mangez plus de thon rouge et arrêtez de gaspiller l'eau ! Nous ne pouvons plus vivre dans un système où des personnes sont rémunérées pour systématiquement surexploiter les écosystèmes ou détruire les habitats !

Marion Guillou

Nous devons adopter des priorités pour rendre l'action possible.

Daniel Nahon

Les solutions sont multiples et s'étendent au-delà de la sphère économique et politique. Le gaspillage est un problème sur lequel il est possible d'agir. Il existe de nombreuses échelles d'intervention. (...)

Gilles Boeuf

(Sur la communication et la responsabilité des scientifiques) Nous avons écrit des dizaines d'article et j'ai participé à 65 conférences sur la biodiversité devant tout type de public. Le Grenelle a été un bel événement qui nous a également permis de communiquer avec des personnes différentes.

Hervé Le Treut

Nous passons notre temps à communiquer. Nous devons le faire mais ce n'est pas de notre communication auprès du grand public que naitront des solutions. Les politiques ne prennent jamais de décision. Enfin, je note souvent avec regret l'absence de représentation du monde des sciences économiques ou des sciences sociales dans ce genre d'événements. (...)

Marion Guillou

Les directions sont conscientes des changements de pratiques. Les défis doivent être identifiés collectivement et les pratiques doivent être pluridisciplinaires. C'est l'ensemble du monde de la recherche qui doit tenir compte de ces nouvelles exigences.

Philippe Cury

Nous pouvons rêver à un vrai lieu de concertation au sein duquel les parties prenantes pourraient se réunir.

Hervé Le Treut

Je pense aussi que l'effort de synthèse est encore largement à faire.

Bernard Chevassus-au-Louis

Je rêve aussi de voir se constituer des collectifs « indisciplinés » ou transdisciplinaires qui prendraient le pari de s'acculturer réciproquement sur le long terme et de s'attaquer à des enjeux en essayant de les analyser.

Gilles Boeuf

J'abonde dans ce sens mais nous devons prendre la mesure des difficultés qu'un tel rapprochement pose au niveau de la recherche. Les chercheurs n'ont jamais revendiqué le pouvoir mais il faudrait peut être les écouter davantage.

Daniel Nahon

Il est vrai que les progrès sont réels et que la communication est devenue une modalité du savoir. Toutefois, il est difficile de convaincre les jeunes chercheurs d'aller vers le public s'ils n'y trouvent pas une valorisation pour leur carrière. Aux États-Unis, le deuxième critère d'évaluation après la production scientifique est la transmission à travers l'enseignement des recherches des deux ou trois années antérieures. J'espère que ces initiatives seront suivies dans notre pays.

Entre hominisation et humanisation, une question d'évolution

Pascal Picq*

*Paléanthropologue, maître de conférences au Collège de France.

Se poser la question de savoir si l'homme peut s'adapter à lui-même, c'est tout simplement opérer un changement fondamental de paradigme en référence à toutes les conceptions traditionnelles de l'évolution de la lignée humaine, sans oublier celles franchement antiévolutionnistes provenant des philosophies, des théologies et des idéologies politiques. Déjà du temps de Charles Darwin, et à l'encontre de sa pensée, l'idée d'évolution se conçoit comme un processus naturel et téléologique avec l'homme à son pinacle. Au début du XXe siècle, Teilhard de Chardin forge le concept d'hominisation. Il s'agit d'une réflexion théologico-philosophique à propos d'une espèce qui prend conscience de sa place dans l'histoire de la vie et qui en devient responsable. On en a fait un processus naturel, ce qui a obligé à concevoir le concept d'humanisation pour retrouver l'idée de Teilhard. À travers ces deux exemples, on perçoit que le problème le plus fondamental, pour répondre à la question posée, ne vient pas des sciences, mais des représentations de la place de l'homme dans le cosmos profondément ancrées en théologie, en philosophie, en sciences humaines qui influent les sciences et, ce qui est vraiment problématique, les politiques.

Une condition pour que l'homme puisse d'adapter à lui-même est d'abord de comprendre ce qu'est l'évolution, à la fois dans sa composante historique – la place de l'homme dans l'histoire de la vie, sachant qu'il est le dernier survivant d'une lignée jadis florissante, et dans ses mécanismes (dont la coévolution) [4, 5]. L'expansion et le succès de notre espèce passe par l'extinction des espèces les plus proches de nous – hier les autres hommes, aujourd'hui les grands singes sans oublier toutes les grandes faunes. Par ailleurs, il est urgent de sortir du dualisme nature et culture ou homme et animal qui laisse penser que, par son génie et ses inventions, l'homme s'est affranchi des affres de la nature sous la férule impitoyable de la sélection naturelle. En fait, nous ne sommes jamais sortis de la nature et les mécanismes de l'évolution agissent et continuent d'agir. La médecine est au cœur de cette question puisque, n'en déplaise aux chantres de l'hominisation et du progrès démiurgique, les plupart des maladies qui affectent l'homme sont la conséquence d'activités humaines. Pour que l'homme puisse s'adapter à lui-même, il faut prendre conscience, comme le rappelle Claude Lévi-Strauss, que notre espèce *Homo sapiens* s'est mise sur un pied d'égalité avec les espèces et les cultures qu'il s'est évertué à exterminer. À quoi sert la biodiversité ? À quoi sert la diversité ethnique et culturelle ? À faire que face aux changements qui nous attendent, nous puissions nous adapter, pas notre génération, mais les générations futures. Car on a trop vite oublié que l'évolution, c'est le succès de la descendance, à condition qu'on lui laisse les possibilités de s'adapter.

Qu'est-ce que l'évolution ?

La théorie de l'évolution est une théorie scientifique, et donc matérialiste, du changement dans la nature. Il y a toujours évolution en raison de deux facteurs.

D'abord à cause d'événements majeurs, parfois de grande amplitude, qui n'ont rien à voir avec la vie et qui interfèrent avec l'histoire de la vie : les catastrophes. Elles peuvent être d'origine extraterrestre – météorites, activité solaire, position de la Terre autour du soleil et ses cycles qui rythment les glaciations – et terrestres – tectonique des plaques et ses conséquences : volcanisme, tremblements de terre, modification des courants océaniques. Les sciences de la Terre et de l'espace connaissent de mieux en mieux les lois déterministes et physiques qui régissent tous ces phénomènes naturels, certains étant mieux connus que d'autres, sans que l'on puisse toujours faire des prédictions fiables sur leur occurrence.

D'autre part, comme ces phénomènes sont indépendants les uns des autres, cela provoque l'émergence de « hasard ». Le hasard n'évoque pas ici l'idée de « n'importe quoi à n'importe quel moment » en l'absence de toute contrainte, mais des circonstances qui échappent à toute loi déterministe d'un système par rapport aux autres et encore moins globale. L'histoire de la vie recense une longue série de catastrophes qui eurent des effets considérables sur les biodiversités du passé, comme les cinq grandes extinctions majeures, et qui façonnèrent l'arbre de la vie. Ainsi, le météorite qui heurta la Terre à la fin du Crétacé n'a pas eu pour conséquence d'éliminer les dinosaures. En fait, il provoqua l'extinction de certaines lignées, tout en favorisant l'expansion de lignées déjà existantes depuis longtemps, mais dominées jusque là. Une lignée de dinosaures – les archosaures – donne les oiseaux, deux fois plus nombreux de nos jours que les mammifères ; quant à ces derniers, ils se déploient, tout comme les plantes à fleurs et à fruits, les angiospermes. Pas de chance pour certains, de nouvelles opportunités pour les autres !

La seconde raison qui fait qu'il y a toujours évolution est directement liée aux interactions entre les espèces, plus précisément des populations de différentes espèces au sein des communautés écologiques. On retrouve divers mécanismes comme la sélection naturelle et la dérive génétique, ce qu'on appelle joliment l'hypothèse de la « Reine rouge ». Il s'agit de la reine de cœur dans *Alice de l'autre côté du miroir* de Lewis Carroll. Elle révèle à la jeune fille que dans le pays imaginaire « il faut courir le plus vite possible pour rester à sa place ». Les populations n'évoluent pas d'elles-mêmes – ce qui serait du vitalisme – mais par le jeu du succès reproducteur différentiel en rapport avec les agents pathogènes, les prédateurs, les défenses et les protections des plantes, etc. Il s'agit de coévolution ou de l'évolution des populations des différentes espèces qui forment des communautés écologiques. Un des exemples les plus connus qui intéresse les origines et l'évolution de la lignée humaine, concerne les interrelations entre les arbres à fleurs et à fruits, les insectes butineurs de fleurs et les insectes ravageurs de feuillages, les oiseaux et surtout les singes qui dispersent les graines et les noyaux, sans oublier les singes mangeurs de feuilles.

Le mécanisme de la sélection naturelle repose sur trois faits objectifs que personne n'a jamais contestés :
• chez les espèces sexuées les individus sont différents les uns des autres ;
• les caractères qui les différencient sont en partie héréditaires ;
• un facteur limite les effectifs des populations qui, sinon, envahiraient toute la Terre.

La sélection naturelle résulte d'une interaction entre la disponibilité des ressources et les effectifs des populations. Plus largement, les individus sont confrontés aux facteurs de l'environnement avec leurs différences : parasitisme, résistance aux agents pathogènes, accès et tolérance aux nourritures, capacité d'échapper aux prédateurs, accès à des partenaires sexuels, possibilités de s'abriter et de se défendre… La sélection naturelle n'a rien à voir avec « la loi du plus fort » ou « la survie du plus apte » ; des idées caricaturales forgées par Herbert Spencer. Cela signifie que certains individus laissent une plus grande descendance que d'autres : c'est le succès reproducteur différentiel.

Pour les animaux, ce succès reproducteur dépend de nombreux facteurs : les caractères génétiques, immunologiques, physiologiques, morphologiques, cognitifs et éthologiques ; mais aussi de la chance, d'opportunités et d'évènements aléatoires, voire catastrophiques, comme l'arrivée inopinée d'un météorite. Tous ces facteurs tissent une trame complexe de contingences.

Aujourd'hui, une troisième raison, aussi récente que brutale, affecte l'évolution : les activités humaines. L'homme, comme toutes les espèces, fait partie de communautés écologiques et, par ses activités, influence leur évolution. Il en est ainsi des chasseurs-collecteurs, le mythe rousseauiste et idéaliste d'une nature en équilibre étant évidemment antinomique avec le principe de la Reine rouge. Seulement l'expansion de notre espèce *Homo sapiens* depuis 50 000 ans se solde par un bilan désastreux avec la disparition des autres hommes – Neandertal, Solo, Florès et d'autres – puis des mégafaunes d'Australie et des Amériques, plus récemment des grands oiseaux des îles avec, au cours du demi-siècle passé, un taux d'extinction mille à dix mille fois supérieur à celui des grandes extinctions connues. La sixième extinction en cours est provoquée, pour la première fois dans l'histoire de la vie, par une espèce et non pas la conséquence d'une catastrophe due à des facteurs naturels non-biologiques. Si quelques inondations catastrophiques et un tsunami récent nous rappellent combien la nature devrait nous rendre modestes, ces évènements ne doivent pas faire oublier que les véritables enjeux d'adaptation pour notre espèce proviennent de nos propres activités.

Les maladaptations culturelles

Thomas Huxley, l'ami de Darwin, s'exclame : « Comment ne pas y avoir pensé plus tôt » après la lecture de *L'origine des espèces au moyen de la sélection naturelle* publié en novembre 1859. La réponse est simple : hier comme aujourd'hui, ce sont les représentations du monde venues d'autres modes de pensée qui entravent la compréhension de l'évolution et de ses mécanismes.

En simplifiant quelque peu, il existe trois relations fondamentales de penser le monde et notre relation au monde, notamment par rapport aux espèces les plus proches de nous, comme les chimpanzés :
• le fixisme : le monde dans lequel nous vivons est stable (créationnisme) ou revient toujours dans le même état selon des cycles (pensée grecque, hindoue, révolutions du globe…). Les philosophes et les théologiens disent alors que l'homme est à Dieu ce que le singe est au Diable ;
• le transformisme : une théorie naturaliste accaparée par l'idée de progrès, mais aussi de téléologie avec l'affirmation que le monde change selon un dessein, une finalité. Dans cette conception, on dit que l'homme descend du singe ;
• l'évolutionnisme : le monde change, évolue, mais sans finalité avec l'intervention du hasard et des contingences. Les anthropologues évolutionnistes disent que l'homme et le chimpanzé sont parents.

On commente trop peu le titre du livre de Darwin *L'origine des espèces au moyen de la sélection naturelle.* Il rompt avec un long consensus entre la science et la métaphysique. Depuis Galilée, la question des « causes premières », c'est-à-dire celle des origines et de l'émergence, étaient du domaine de la métaphysique – théologie et philosophie – tandis que les sciences s'occupaient des « causes secondes », autrement dit de la nature, de ses phénomènes et de ses lois. Darwin a parfaitement conscience qu'il commet « un meurtre », selon sa propre expression, celui de la métaphysique puisque la question des origines – celle des espèces (dont l'homme) – est appréhendée par des causes matérialistes, en l'occurrence la sélection naturelle. C'est donc une rupture fondamentale avec le dualisme occidental.

La forte tradition dualiste de la pensée occidentale postule une dichotomie entre nature et culture qui entretient une idée fausse : celle d'une évolution de l'homme pensée comme un combat qu'il remporte en se libérant d'une nature source de tous ses maux. L'idée de progrès, portée par les avancées de la médecine, l'illustre parfaitement. L'outil, le feu et l'homme prométhéen nourrissent cette vision, dont les scènes les plus fulgurantes (l'homme qui s'affranchit par son génie d'une nature hostile) ouvrent le film « 2001, l'Odyssée de l'espace » de Stanley Kubrick, en 1968. Cette époque était encore pleine d'insouciance, avant que le Club de Rome n'avertisse le monde que si nos modèles économiques ne changeaient pas, nous nous dirigerions vers des difficultés parce que les ressources de la Terre sont limitées. Donc, c'est toujours de la faute de la nature quand ses manifestations provoquent des catastrophes, parce que la Terre n'est pas capable de fournir les ressources que quelques sociétés humaines exploitent sans retenue.

L'une des plus grandes avancées de l'humanité provient des inventions en agriculture, socle de toutes les civilisations. Il s'agit d'une révolution économique accompagnée de nouvelles représentations du monde qui donnent les grandes religions et les grands systèmes de pensée philosophiques et politiques dont certains se prétendent universels. Cette grande avancée sur le chemin d'un progrès universel passe par l'invention des guerres et, ce qui est moins connu, par l'émergence de nouvelles maladies issues des relations étroites entre les hommes et les animaux domestiqués, comme l'apparition de processus de sélection provoqués par des choix alimentaires dont la diversité ne cesse de décroître. C'est aussi de la coévolution avec ici des interactions entre des espèces sélectionnées par les hommes et des conséquences rétroactives sur les activités humaines.

Depuis le Néolithique, la taille corporelle moyenne des populations humaines diminue, comme celle du cerveau et aussi l'espérance de vie. Toutes les grandes maladies comme leur diffusion – peste, variole, grippes, choléra, etc.– se sont développées à la faveur de ces nouvelles activités humaines, des concentrations des populations dans des villes et de modes de circulation toujours plus rapides. Les progrès de la médecine au XXe siècle ont laissé croire que nous maîtrisions toujours mieux les risques d'épidémie – ce qui est vrai – mais nous sommes confrontés à de nouvelles maladies provoquées par nos changements de mode de vie : on vit plus longtemps, mais il y a les maladies neuro-dégénératives ; on a les sciences de la nutrition, mais un taux d'obésité effarant ; les risques d'infarctus restent le premier facteur de mortalité à cause de nos modes de vie trépidants et nos productions industrielles comme leurs usages provoquent des cancers. Non seulement nous ne sommes pas à l'écart des mécanismes de sélection naturelle comme pour les autres espèces, mais nous devons nous adapter de plus en plus vite aux effets rétroactifs de nos propres activités. On redécouvre que nos vies ont une limite et, qu'en plus, nous érodons ces gains chèrement acquis en moins d'un siècle.

D'où vient notre adaptabilité naturelle ?

Nous appartenons à un groupe de primates dont l'évolution est extraordinairement complexe (figure 44). Les singes modernes ou anthropoïdes apparaissent en Afrique il y a environ 32 millions d'années. Une lignée,

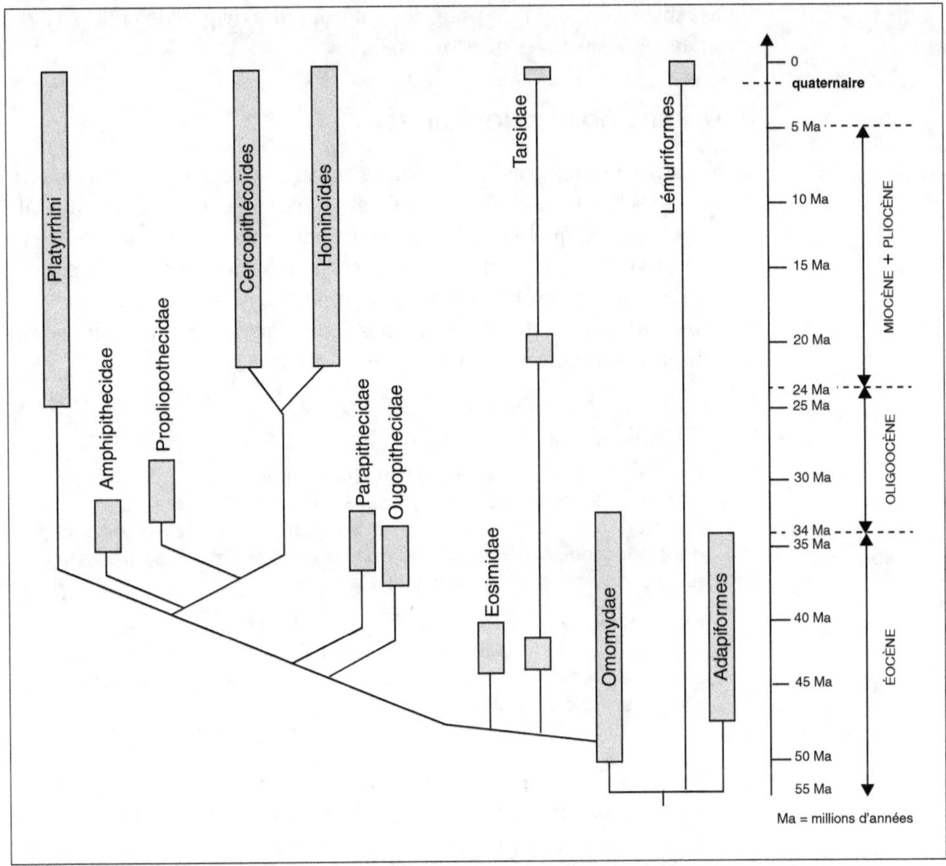

Figure 44
Arbre phylogénétique des primates.

que nous appelons les hominoïdes, comprend actuellement les hommes, les gorilles, les chimpanzés et les orangs-outans. Ce sont les derniers représentants d'un groupe très diversifié au cours du Miocène en Afrique il y a 25 à 15 millions d'années, époque pour laquelle les paléontologues décrivent une centaine d'espèces et de genres fossiles [8, 9].

L'histoire naturelle des hominoïdes se comprend en relation avec celle du groupe concurrent, les singes à queue ou cercopithécoïdes, représentés aujourd'hui par plus d'une centaine d'espèces comme les babouins, les macaques, les colobes, les cercocèbes... La diversité des anthropoïdes est liée à la coévolution avec les arbres à fleurs et à fruits, les insectes et les oiseaux [3]. C'est au sein de ces communautés écologiques complexes que les hominoïdes et les cercopithécoïdes se trouvent en concurrence. Il y a 20 millions d'années, les hominoïdes dominent et occupent presque toutes les niches écologiques tandis que les ancêtres des cercopithécoïdes ne sont connus que par deux espèces fossiles. Aujourd'hui, les derniers hominoïdes – hommes, chimpanzés, gorilles et orang-outangs – sont dominés par la radiation des cercopithécoïdes et se sont réfugiés dans des niches écologiques pour des anthropoïdes de grande taille avec des stratégies adaptatives dites de type K.

Des stratégies adaptatives

Nous avons développé des stratégies adaptatives assez particulières appelées stratégies K, c'est-à-dire des stratégies de reproduction hautement qualitatives, dans lesquelles les femelles mettent un petit au monde tous les 4 ou 5 ans mais où le rapport à la mère et donc à l'éducation et à la culture, prime (voir encadré). Les espèces K vivent dans des environnements très compétitifs, dans des communautés écologiques très structurées et très complexes et ont une démographie assez stable.

STRATÉGIES ADAPTATIVES

K : un seul petit ; une longue gestation ; un fort investissement parental ; de longues périodes de la vie ; une maturité sexuelle tardive ; une grande taille corporelle ; une vie sociale complexe. Une stratégie qui est favorisée dans des environnements relativement stables avec une compétition intense au sein des communautés écologiques.

r : des portées nombreuses ; une vie courte ; une maturité sexuelle précoce ; un faible investissement parental. Une stratégie qui est favorisée dans des environnements soumis à de fortes variations du climat, des saisons, des ressources, de la biomasse.

Nous possédons une adaptabilité tout au long de la vie et appartenons à un club assez restreint d'espèces chez lesquelles nous constatons une évolution qui accentue l'importance de l'ontogenèse avec des allongements considérables des paramètres d'histoire de vie : durée de la gestation, petite enfance jusqu'au sevrage, longue enfance, adolescence et espérance de vie de plus de quarante ans. Le rôle de l'épigénétique s'associe à une plasticité à tous les niveaux, notamment pour le développement cognitif et l'apprentissage social. Les chimpanzés, qui représentent l'espèce la plus proche de nous dans la nature actuelle, témoignent aussi d'empathie, de sympathie, de la conscience de soi, de l'un et de l'autre, du groupe. Ils distinguent les notions de bien et de mal, possèdent des traditions, des cultures et fabriquent et utilisent toutes sortes d'outils ; tout cela s'apprend.

La lignée humaine partage cet héritage évolutif avec les grands singes actuels et l'a accentué ; nous sommes des espèces hyper-K. Un premier changement se manifeste vers 2 millions d'années avec l'apparition des premiers hommes aux sens strict : *Homo ergaster*. Plus grands, plus mobiles et nantis d'un plus gros cerveau, ils entament la première expansion du genre *Homo* hors d'Afrique. Ce succès repose à la fois sur leurs capacités biologiques et techniques, avec l'usage du feu et l'invention d'outils et d'armes qui en font de redoutables prédateurs. Ces hommes sont les seuls à pouvoir pénétrer dans divers écosystèmes en Afrique et sur les franges méridionales de l'Eurasie, ce que ne peuvent pas faire les autres espèces. Pourquoi ? Parce que ces hommes inventent les moyens d'exploiter les meilleurs ressources des écosystèmes – animales et végétales, ces dernière rendues digeste grâce à la cuisson – et modifient leurs habitats : abris, feu, vêtements… Ils transforment le monde à la fois par leurs activités techniques, culturelles et en construisant des systèmes de représentations symboliques du monde [6, 7].

Cette tendance évolutive se poursuit avec l'émergence de plusieurs espèces d'hommes sur l'ancien monde : hommes de Neandertal en Europe et Asie occidentale, hommes de Denisova en Asie centrale et orientale, *Homo sapiens* – notre espèce – en Afrique et une partie du Proche-Orient ; les hommes de Solo à Java et – *last but not the least* – les petits hommes de Florès. Combien étaient-ils ? Difficile à évaluer ; disons environ 1 million d'hommes toutes espèces confondues.

On arrive à faire quelques estimations des démographies passées à partir de l'ADN fossile ; estimations très fragiles pour les néandertaliens, plus fiables pour *Homo sapiens*. Une étude très récente décrit une évolution démographique dix fois plus importante chez *Homo sapiens* comparé à *Homo neandertalis* en Europe occidentale entre 40 000 et 30 000 ans. D'un point de vue darwinien, ce succès reproductif de notre espèce s'accompagne d'un déclin des autres espèces humaines. Il n'y a pas seulement remplacement, mais augmentation de la densité démographique. Au cours cette même période, les *Homo sapiens* se retrouvent aussi en Australie et dans les Amériques. Cette évolution ne répond pas à une meilleure fécondité – notre espèce a des paramètres d'histoire de vie encore plus longs que les autres hommes – mais certainement une organisation technique et culturelle qui améliore l'espérance de vie ou viabilité des jeunes. La première « explosion démographique » de notre espèce porte ses effectifs à plusieurs millions d'individus au seuil des inventions des agricultures alors qu'il ne reste qu'une seule espèce d'homme.

L'agriculture apparaît indépendamment dans plusieurs foyers de la bande des tropiques et sur tous les continents. Ces inventions techniques et culturelles donnent les cités et les premiers empires avec une population mondiale qui dépasse les 10 millions d'hommes. C'est aussi l'invention des guerres organisées, la survenue des grandes épidémies et d'une nouvelle biodiversité pour les espèces végétales et les races animales domestiquées. C'est aussi une rupture majeure avec notre passé d'espèce K, en rappelant que ces espèces vivent à démographie relativement stable. L'entrée dans l'histoire se place sous le sceau du « croissez et multipliez » !

La population mondiale arrive à un milliard d'individus vers 1800. Thomas Malthus, témoins de famines dramatiques en Angleterre à la fin du xviiie siècle, doute de la vision de progrès illimité défendue par les philosophes des Lumières et les premiers économistes. Mais la révolution industrielle arrive suivie d'une évolution démographique considérable en Europe, avec son cortège de misère et un taux de migration considérable vers les

Amériques. Karl Marx fustige la thèse de Malthus et défend l'idée d'un progrès de l'humanité par le progrès des techniques, de l'économie et de la politique. L'histoire lui donne raison pendant un siècle, jusqu'à ce que la pensée malthusienne ne reviennent dans les années 1970, mais pas comme l'imaginait Malthus.

La révolution verte et les échanges commerciaux au niveau mondial participent d'une amélioration moyenne et globale des conditions de vie de l'humanité puisque dans les années 1970 deux-tiers des 4 milliards d'humains étaient malnutris alors qu'aujourd'hui cette proportion est de un huitième pour presque 7 milliards d'individus. Alors, tout va-t-il de mieux en mieux dans le meilleur des mondes possibles ?

Un anthropologue évolutionniste doit toujours se poser cette question : à partir de quand un modèle qui semble avoir réussi ne suffira-t-il plus dans un avenir proche ? Si les progressistes ont globalement raison au regard de l'histoire – puisque tous les sauts démographiques se corrèlent à des changements techniques, culturels, économiques et politiques, matérialisme empirique et historique - alors quelles seront les révolutions techniques, culturelles, économiques et politiques pour les générations futures ?

L'homme face à son adaptation

Malthus revient par où on ne l'attendait pas : l'épuisement des ressources naturelles renouvelables et non renouvelables. La chasse n'apporte qu'une part insignifiante à l'alimentation et la pêche intensive achève d'épuiser les ressource halieutiques - seuls quelques peuples traditionnels arrivent encore à survivre ainsi. L'agriculture attend une autre révolution, notamment avec les OGM. Mais il y a encore un gros problème d'un point de vue évolutionniste : alors que les agriculteurs n'on cessé d'inventer de nouvelles variétés animales et végétales par sélection artificielle afin de mieux adapter leurs productions à l'environnement, de nouvelles pratiques motivées par des gains de productivité tendent à éliminer les autres variétés – donc à réduire la biodiversité artificielle – et à modifier les environnements au bénéfice des rares variétés retenues, ce qui est proprement anti-adaptatif. À cela s'ajoute la perte irrémédiable de la diversité des pratiques agricoles depuis des millénaires. D'un point de vue strictement évolutionniste, nous sommes en train de détruire, à un rythme effarant, les biodiversités naturelles et culturelles, dont autant de potentialités pour nos adaptations futures.

Notre adaptation n'est pas un problème venant de la nature, mais de nos cultures. L'idéologie de progrès cultive une conception de la nature très hostile, l'accusant de tous les maux. On le lit chez nos philosophes qui, à propos du drame de Fukushima au Japon, dénoncent une nature qui « s'acharne à traumatiser les hommes » alors qu'elle n'est que ce qu'elle est, c'est-à-dire totalement dénuée de toute intention. Ce n'est pas la nature qui pousse les hommes à construire des centrales nucléaires au niveau de la mer au pays des tsunamis ! Encore moins à puiser dans les réserves de biocarburants fabriqués par la vie, la géologie et l'évolution, bref, par la nature. Alors d'où vient notre problème d'adaptation ? De nos représentations culturelles.

Revenons aux trois façons de voir le monde : le fixisme, le transformisme et l'évolutionnisme. Elles distinguent des modes de penser en relation avec le changement dans la nature ou en relation avec la nature, que ce soit pour le passé ou pour l'avenir, donc des manières de penser en rapport avec l'évolution. Mais quand on parle d'évolution, on se réfère immédiatement à sa dimension historique et non pas à ses mécanismes. Or, le problème de notre capacité à nous adapter est évidemment lié aux contraintes de notre passé – les contraintes phylogénétiques et les contraintes historiques – mais surtout à notre capacité de préserver les possibilités de nous adapter.

Pour les fixistes et les créationnistes de toutes obédiences, sans oublier les systèmes philosophiques idéalistes, tout est pour le mieux dans le meilleur des mondes possibles. Ces divers modes de penser s'opposent à l'évolution, à son matérialisme et aux concepts de hasard et de contingence. Ce n'est pas un hasard si les mouvements créationnistes les plus conservateurs se trouvent associés aux grandes entreprises qui exploitent les ressources naturelles et aux pays qui en possèdent (gaz, pétrole, charbon, minerais, bois, pêche …). Leur justification morale étant que ces richesses ont été créées pour que les hommes puissent les utiliser. Ce sont aussi les groupes de pression qui s'opposent au développement durable et qui refusent de respecter les accords de Kyoto.

Pour les progressistes, ceux qui veulent transformer le monde, l'évolution se conçoit selon une finalité dont l'homme serait le maître. L'histoire de la vie et de la lignée humaine suit une marche de progrès qui passe par les techniques et amènent l'homme à être « maître et possesseur de la nature ». L'idéologie dominante est que la nature s'oppose à la marche du progrès et que, d'une façon ou d'une autre, les hommes trouveront des solutions. On peut continuer à exploiter les ressources naturelles, sachant que, si les générations futures en disposent en moindre abondance, elles bénéficieront des progrès techniques pour mieux les utiliser. On retrouve les tenants du « développement durable *soft* », ceux qui nient l'impact des activités humaines sur le climat puisque, pour eux, l'ennemi est la nature. Le problème est que cette idéologie progressiste et universelle récuse toute critique et si, par exemple, on ouvre un débat sur le nucléaire, sans vouloir le condamner, on se retrouve accusé de vouloir retourner à l'âge de pierre. Non seulement ils ignorent ce qu'est la préhistoire, mais cette attitude méprise toutes les autres sociétés et cultures, qu'elles soient du passé ou du présent. Il y a eu progrès et c'est indéniable. Seulement, une fois de plus, la question n'est pas de savoir s'il y a eu progrès, mais si on peut continuer comme avant. En plaçant l'homme au cœur de l'évolution, les tenants de cette idéologie contestent les responsabilités de l'homme sur le climat, l'érosion de la biodiversité, la disparition des autres cultures humaines, l'épuisement de ressources halieutiques, les conséquences des déforestations, etc., une conception anthropocentrique qui nie tout devenir et toute adaptation en relation avec la nature. Pourtant, le constat est déjà clairement établi, notamment par Jared Diamond [1]. Contrairement à ce qu'affirment les thuriféraires d'un progrès sans limite qui accusent la nature de tous les méfaits, les civilisations meurent avant tout de leur incapacité à reconsidérer ce qui a fait leur puissance. Dans les dizaines de sociétés étudiées par J. Diamond, il constate la déforestation, la raréfaction des faunes sauvages, la salinisation des sols et leur utilisation maximale, la saturation des ressources en eau… Il ne s'agit ni plus ni moins que d'un processus de sélection naturelle, mais déclenché par les activités humaines.

L'évolutionnisme reste sans aucun doute la conception la moins comprise des relations entre l'homme et la nature. Nié par les fixistes et conçu comme un processus finalisé et anthropocentrique par les progressistes de toutes obédiences, il démontre qu'une espèce co-évolue avec les autres organismes, que ce soit dans les forêts, les savanes, les plaines, les déserts chauds ou froids, les montagnes, les îles mais aussi dans les cités. À cet égard, l'homme est une espèce exceptionnelle par sa plasticité adaptative, ce qui ne doit pas faire oublier la multiplicité des processus de sélection, certes très atténués grâce à la médecine moderne, mais toujours en action, sans augurer de ce que nous réserve l'avenir du côté des agents pathogènes. L'évolution nous apprend aussi que les sources de l'adaptation sont dans la diversité : biodiversité des espèces sauvages et domestiques et, ce qui est trop rarement évoqué, la diversité des cultures. Ce dernier aspect reste trop négligé, les autres peuples et leurs cultures étant à la place que leur a assigné le créateur chez les fixistes tandis que les progressistes les considèrent comme des reliques sur le grand chemin du progrès universel. Ces peuples ont certainement encore beaucoup à apprendre des uns et des autres, chaque peuple représentant une expérience unique de l'adaptabilité biologique, culturelle et cognitive d'*Homo sapiens*.

Telle est la réponse que peut apporter l'anthropologue évolutionniste à la question posée. D'abord une réponse évolutionniste : plus nous atteindrons à la diversité des espèces sauvages et domestiques, plus nous détruirons les écosystèmes, plus nous entamerons les capacités des générations futures à inventer leurs adaptations ; ensuite, une réponse anthropologique qui dénonce les diverses représentations du monde érigées en idéologies qui méprisent la diversité des cultures humaines. Dans *Tristes Tropiques*, Claude Lévi-Strauss [2] rappelle que la vie est apparue et a évolué sur la Terre bien avant les premiers hommes et qu'elle continuera à évoluer longtemps après le dernier homme et, si l'homme n'est pas responsable de son apparition, le temps qui reste à l'humanité dépend de ce que nous faisons dès à présent. Notre espèce a émergé il y a à peine 200 000 ans en Afrique ; nous sommes une espèce jeune. La durée moyenne d'existence d'une espèce est de 500 000 ans à un million d'années. Mais ceci n'est écrit nulle part dans aucune loi de l'évolution.

Terminons par une citation de Claude Lévi-Strauss : « Ainsi la seule chance offerte à l'humanité serait de reconnaître que devenue sa propre victime, cette condition la met sur un pied d'égalité avec toutes les autres formes de vie qu'elle s'est employée et continue de s'employer à détruire ». Alors l'homme peut-il s'adapter à lui-même ? C'est possible, à condition de passer à un mode d'adaptation co-évolutif et non plus destructif et d'accepter une responsabilité envers l'évolution qui soit une véritable hominisation.

RÉFÉRENCES BIBLIOGRAPHIQUES

(1) Diamond J., 2006. *Effondrement. Comment les sociétés décident de leur disparition ou de leur survie.* Gallimard.

(2) Lévi-Strauss C., 2008. *Œuvres*, préface par Vincent Debaene ; édition établie par Vincent Debaene, Frédéric Keck, Marie Mauzé, *et al.* Gallimard, Bibliothèque de la Pléiade.

(3) Picq P., Coppens Y. (dir.), 2001. *Aux origines de l'humanité* ; vol. 1, *De l'apparition de la vie à l'homme moderne* ; vol. 2, *Le propre de l'homme.* Fayard.

(4) Picq P., 2003. *Au Commencement était l'Homme.* Odile Jacob.

(5) Picq P., 2007. *Lucy et l'obscurantisme.* Odile Jacob.

(6) Picq P (dir.), 2009. *100 000 ans de Beauté.* Vol. 1. Gallimard.

(7) Picq P., 2010. *Le Monde a-t-il été créé en Sept Jours ?* Perrin.

(8) Picq P., 2010. *Il était une fois la paléoanthropologie.* Odile Jacob.

(9) Picq P., 2011. *Un paléoanthropologue dans l'entreprise.* Eyrolles.

(10) Picq P., 2012. *Requiem pour la diversité.* Plon.

Vieillissement démographique et indicateurs de santé

Joël Ménard*

*Professeur de médecine, université Paris Descartes, ancien Directeur général de la Santé.

Je vais tenter de traiter ce vaste sujet sous l'angle de la politique de santé publique définie comme « un ensemble d'actions coordonnées qui vont faciliter à court terme et long terme l'adaptation de l'homme et des milieux aux changements des conditions environnementales, physiques, biologiques et sociales ». L'évolution des maladies cardiovasculaires à l'horizon 1970-2020 servira à illustrer mon propos !

Ce qui s'est produit en France, comme dans d'autres pays d'Europe occidentale, au cours de ces 40 dernières années est extraordinaire : une diminution continue du taux d'incidence des maladies cardiovasculaires, ajusté sur l'âge [2]. La diminution des décès attribués aux accidents vasculaires cérébraux a précédé la diminution des décès attribués aux accidents coronariens, c'est-à-dire les maladies du cœur qui entraînent ultérieurement l'insuffisance cardiaque ou sont responsables de la mort subite. Le phénomène est d'abord apparu chez les personnes de 45 à 74 ans et s'observe actuellement chez les personnes de plus de 75 ans (figures 45 et 46).

Pour la partie 2010-2020 qui nous intéresse, les questions suivantes se posent : la réduction des décès cardio-vasculaires par tranche d'âge observée continuellement depuis 1971 va-t-elle se poursuivre ? Le traitement et la prévention des maladies cardiovasculaires augmentent-ils le nombre de « malades » ? C'est ce que l'on appelle le paradoxe de la prévention. Une autre question importante sous-tend les actions d'intervention possibles : quelle est la participation des différentes composantes de la prévention cardiovasculaire à la diminution des décès et des accidents cardiovasculaires ? Quelle est la place relative de l'amélioration du système de soins associée aux progrès technologiques, ou des modifications des comportements, associées à la prescription large de médicaments antihypertenseurs, intensifiée à partir de 1971 ?

L'important n'est pas seulement la perte ou le gain d'années de vie, mais leur qualité de ces

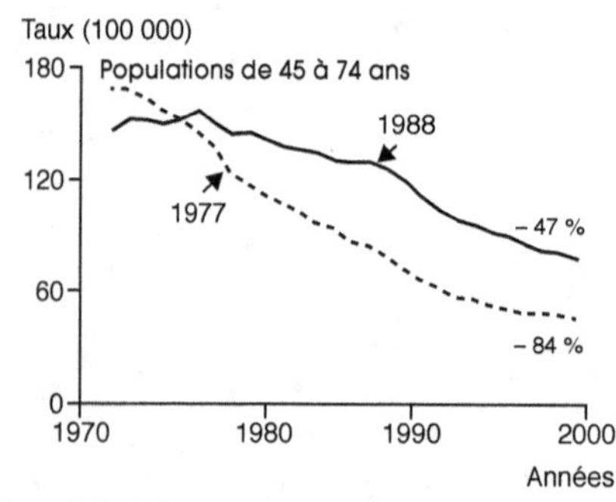

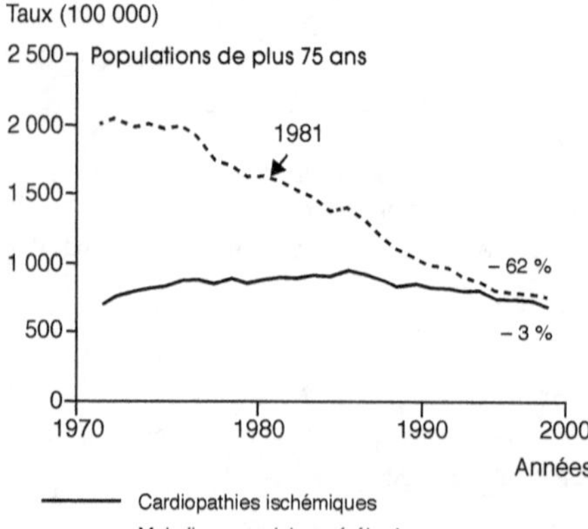

Figure 45
Taux comparatifs de décès par cardiopathies ischémiques et maladies vasculaires cérébrales en fonction de l'âge (1970-1997).
Données SC8 INSERM D'après E. Jougla, E. Michel, J. Ménard.

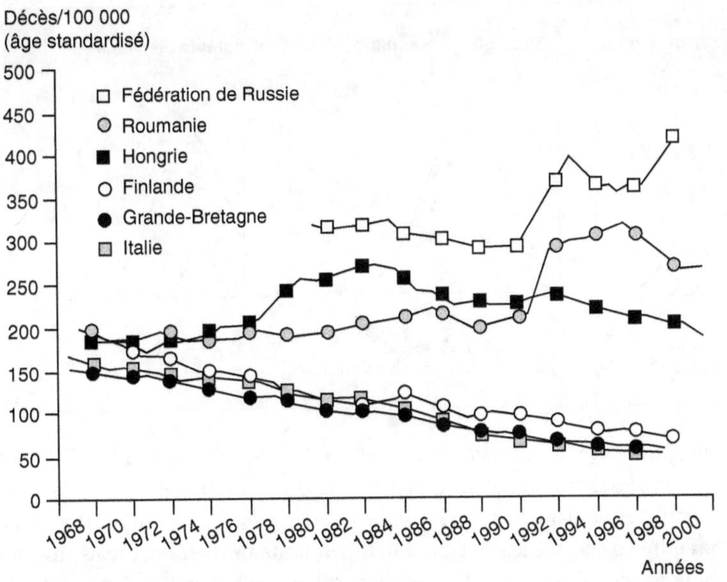

Figure 46
Mortalité par accident vasculaire cérébral chez des hommes âgés de 35 à 74 ans de 1968 à 2001.
D'après OMS, 2004.

années (figure 47). Lorsque l'on cumule les années de vie perdues et celles perdues par incapacité (la définition des incapacités étant sujette à discussion), on s'aperçoit que le poids des maladies cardiovasculaires reste majeur. Les pertes d'années de vie en bonne santé dépendent aussi des désordres neuropsychiatriques qui affectent la qualité de vie, des maladies mentales et des addictions aux neuro-dégénérescences.

Sur l'ensemble de l'Europe, il existe des différences nord-sud mais aussi est-ouest, concernant aussi bien les maladies cardio-vasculaires que la qualité de vie, avec, en général, les hommes plus précocement concernés que les femmes.

Les habitudes alimentaires, telle que la consommation de fruits et légumes dans le sud de l'Europe, sont associées à un taux faible de maladies cardio-vasculaires. Il s'agit d'une association et non pas d'une causalité. L'autre grand facteur externe pour les maladies cardiovasculaires, comme pour les cancers, est la consommation de tabac.

Dans l'analyse des données sur les changements de taux de mortalité entre 1980 et 2010 attribués au tabagisme dans les différents pays, les taux de mortalité par cancer, du poumon en particulier, sont toujours plus élevés chez les hommes mais la femme est désormais touchée d'autant plus qu'augmente,

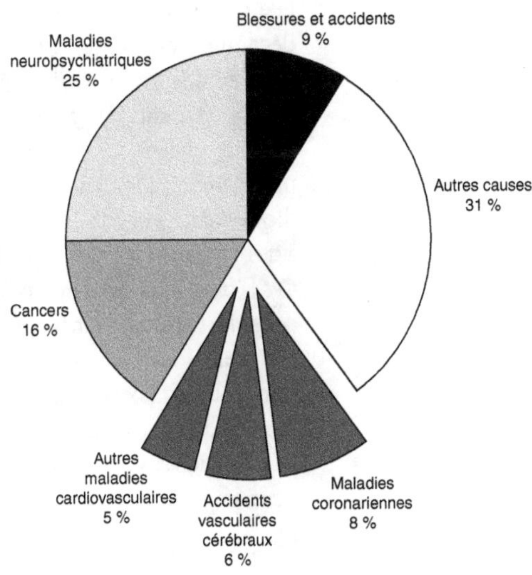

Figure 47
Années perdues par incapacité physique ou fonctionnelle en 2002 dans l'Union européenne
D'après *European cardiovascular disease statistics*, 2008.

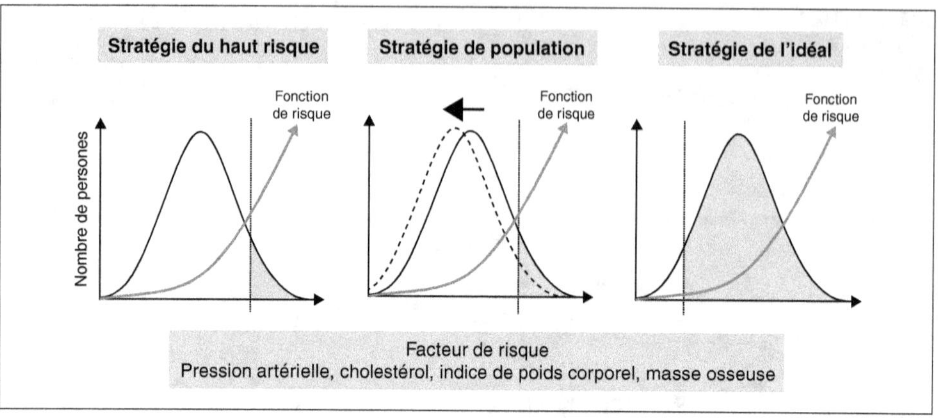

**Figure 48
Les stratégies
de prévention.**

quelques décennies auparavant, le tabagisme chez les jeunes filles. Dans les groupes les moins éduqués et les plus défavorisés, toutes ces évolutions défavorables sont majorées [1, 3, 6]. Une politique de santé publique doit donc prendre en compte le suivi continu des indicateurs médicaux mais aussi les données démographiques, et les facteurs environnementaux (en y incluant maintenant la qualité de l'air), comportementaux et socio-économiques. Elle doit être systématique dans ses axes d'action, et tenace sur plusieurs décennies, car ce qui est mesuré, la mort ou la maladie, est conditionné, par des désordres biologiques, amplifiés par des causes proximales, les comportements des gens, mais aussi par des causes tout à fait distales, les évolutions de la société. Lorsque l'on applique ce mode de penser, proposé par l'Organisation mondiale de la santé (OMS) en 2000 aux maladies cardiovasculaires et coronariennes, on remarque qu'elles sont directement liées à des observations médicales (la pression artérielle, le diabète, le cholestérol). Ces facteurs dépendent eux-mêmes de l'activité physique, du poids et de la consommation de tabac, influencés eux aussi par l'âge et l'éducation, et les politiques locales d'accès à des zones d'exercice physique et à des nourritures saines et des prix abordables. L'étude des maladies cardiovasculaires ne peut donc se limiter à l'approche médicale mais doit obligatoirement analyser les paramètres environnementaux et sociaux et corriger, autant que faire se peut, leurs multiples points faibles [3].

Revenons sur le paradoxe de la prévention et la manière dont on peut l'expliquer. D'une part, le fait d'introduire des traitements implique que les gens meurent moins vite et vivent plus longtemps sous traitement. D'autre part, l'amélioration du dépistage permet de détecter les maladies de façon plus précoce. On est donc marqué plus tôt comme à risque, ou comme malade, et plus tôt « médicalisé », de même qu'on est simultanément plus longtemps médicalisé.

Une politique de santé publique vise essentiellement à diminuer l'incidence des différentes causes de mortalité par des méthodes de prévention plus générales, plus distales, que les soins individuels. Elle utilise des indicateurs et propose des objectifs, comme le fait par exemple le plan national Nutrition Santé depuis la première décennie du vingt et unième siècle, en France. Dix ans plus tard, l'excès de poids des enfants cesse d'augmenter, mais il faut attendre une décennie, et réaliser que les plus pauvres et les enfants de migrants ne bénéficient pas de ces signaux favorables, pour la prévention du diabète dans vingt ou trente ans…

Peut-on prévoir ce que sera l'évolution des taux de décès ajustés sur l'âge et dus aux maladies cardiovasculaires ? En admettant que l'accès aux soins reste stable, on peut espérer une baisse du tabagisme, une diminution du cholestérol moyen, du poids moyen et de la pression artérielle moyenne d'une population, mais le délai entre la décision de mettre en route une politique de santé volontariste et son résultat est long, bien au-delà de tous les échelles de temps politiques. L'autre problème majeur réside dans le choix de ces politiques de santé publique, qui risquent d'augmenter les inégalités entre les personnes si elles sont essentiellement suivies par les plus éduqués et les plus favorisés. Une politique de santé publique qui ne prend pas en compte les difficultés rencontrées par les plus pauvres peut accroître les inégalités sociales de santé et induire ses propres échecs [1, 6].

Les stratégies utilisables pour une politique de prévention sont au nombre de trois (figure 48), On peut s'efforcer de dépister dans la population les personnes à haut risque cardiovasculaire, définies par un seuil d'intervention trouvé quand on a démontré qu'une intervention fait plus de bien que de mal chez ceux qu'elle concerne. On peut (figure 48, au centre), faire évoluer vers les valeurs considérées comme favorables les caractéristiques biologiques globales de la population, car la moyenne de ces facteurs de risque dans une population détermine le nombre de ses déviants. Dans les zones situées entre le seuil officiel de risque et la valeur médiane de la population, le risque de maladie individuelle est plus faible que chez les personnes situées au-delà du seuil défini comme dangereux à un moment donné. Mais comme ces

Figure 49
Évolution du nombre de centenaires en France jusqu'à 2060, selon trois scénarios d'espérance de vie
Source : Blanpain N, *INSEE Première*, Octobre 2010, n° 1319.

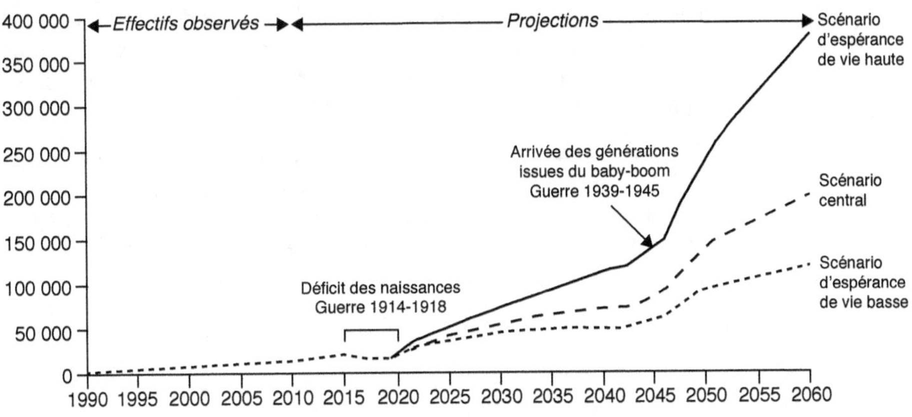

personnes sont beaucoup plus nombreuses (par exemple 40 %) que les personnes à haut risque (par exemple 10 %), les bénéfices obtenus au niveau de la population entière peuvent être plus importants. C'est la distinction de G. Rose [4, 5], entre individus malades, définis par un seuil, et population malade, définie par sa médiane, trop proche du seuil de risque individuel. Nous savons aussi que les ingrédients des risques cardiovasculaires sont les mêmes pour toutes les catégories sociales mais on constate dans tous les pays qu'en fonction de la catégorie socioprofessionnelle et du niveau d'éducation, les risques cardiovasculaires sont inégalitaires, dès la naissance, pendant l'enfance, et durant toute la vie.

Ainsi les résultats des stratégies de prévention semblent montrer que les inégalités sociales restent l'un des facteurs de risque de pertes d'année de vie en bonne santé les plus importants (encadré). Par ailleurs, le nombre de centenaires pourrait bientôt être de 200 000, le défi étant qu'ils soient en bonne santé et autonomes (figure 49).

Si l'on devait prédire le poids des maladies cardiovasculaires en Europe, en 2020, la plus grande inconnue est aujourd'hui l'équilibre social et économique entre les pays. La réduction des inégalités est donc un objectif prioritaire de santé publique, au niveau de la cité, de l'unité territoriale, de la région, de la nation.

RÉFÉRENCES BIBLIOGRAPHIQUES

(1) Capewell S., Graham H., 2010. Will cardiovascular disease prevention widen health inequalities? *PLoS Med.* 7, e1000320.

(2) Capewell S., Morrison C.E., McMurray J.J., 1999. Contribution of modern cardiovascular treatment and risk factor changes to the decline in coronary heart disease mortality in Scotland between 1975 and 1994. *Heart,* apr; 81(4) : 380-6.

(3) Marmot M., Friel S., Bell R., *et al.*, 2008. Commission on Social Determinants of Health. Closing the gap in a generation: health equity through action on the social determinants of health. *Lancet,* 372 : 9650.

(4) Rose G., 1981. Strategy of prevention: lessons from cardiovascular disease. *Br. Med. J.* 282 : 1847-1851.

(5) Rose G., 1985. Sick individuals and sick populations. *Int. J. Epidemiol.* 14 : 32-38.

(6) Stringhini S., Dugravot A., Shipley M. *et al.*, 2011. Health behaviours, socioeconomic status, and mortality: further analyses of the British Whitehall II and the French GAZEL prospective cohorts. *PLoS Med.* 8, e1000419 (Epub 2011 feb 22).

La démographie, enjeu d'une planète viable

Hervé Domenach*

*Directeur de recherche honoraire de l'IRD, professeur d'analyse démo-spatiale, économiste, démographe, université Cézanne, Aix-en-Provence, Institut d'urbanisme et d'aménagement régional (IUAR).

La population mondiale était de 6 893 143 765 individus le 9 octobre 2010 (à 18 h 53), avec une marge d'erreur d'environ 200 millions car on ne connaît pas avec précision le nombre d'habitants dans certains pays[26]. Il y a, en moyenne, chaque jour 350 000 naissances et 160 000 décès dans le monde. La balance est donc en excédent de 190 000 individus par jour, soit 6 millions par mois et 170 millions par an. Cette augmentation de la population s'inscrit dans la durée, dans un temps long. Le graphique de la croissance, exceptionnelle pendant plusieurs siècles, de la population mondiale montre l'existence d'une ascension verticale, à partir des années 1950-1970 (figure 50) [1].

Cependant, le taux d'accroissement diminue. Nous nous orientons probablement vers une stabilisation. Toutes les variations ne peuvent pas être envisagées, mais la tendance est à la baisse. En 2050, nous arriverions à un accroissement de l'ordre de 0,02 %, peut-être 0 % – voire à un rythme décroissant, ce qui n'est pas exclu (figure 51).

La projection pour les années à venir sont réalisées avec un indicateur précis, l'ISF – indicateur synthétique de fécondité, c'est-à-dire le nombre moyen

Figure 50
Population mondiale : une croissance exponentielle pendant plusieurs siècles.

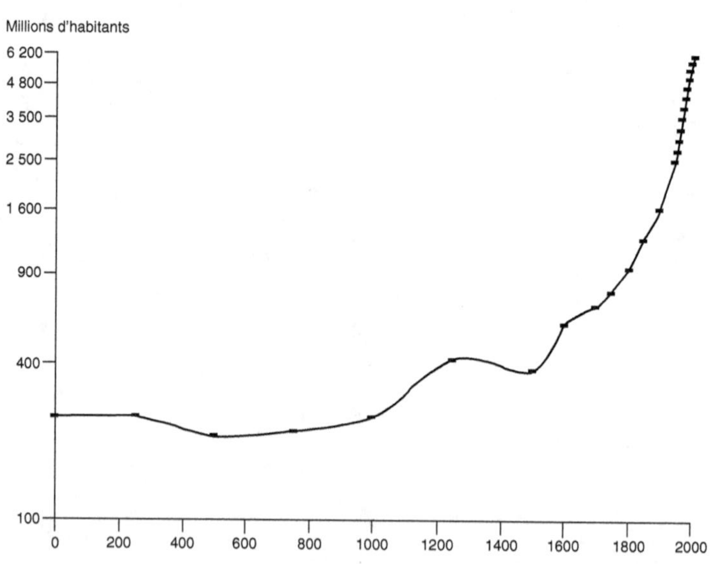

26. Les données utilisées ici sont essentiellement issues du *Population Reference Bureau* à Washington, avec lequel collabore l'auteur. Le seuil de confiance de ces données est honorable et les projections moyennes qui sont présentées ici sont diplomatiquement et académiquement correctes.

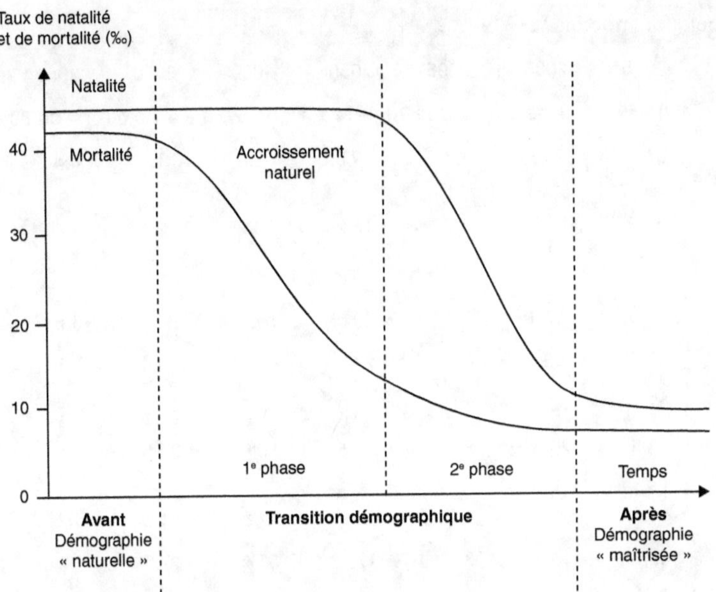

d'enfants par femme. Concernant la transition démographique, dans une première phase, la mortalité baisse grâce à des progrès sanitaires et techniques notamment, puis la natalité baisse beaucoup plus tard avec le contrôle de la fécondité. Entre les deux, il y a un accroissement. Quand la natalité baisse à son tour, elle rejoint le niveau de la mortalité au point d'équilibre qui est à peu près de 10 pour 1 000 pour une population stabilisée. La transition démographique, c'est l'accumulation d'un « stock » de population. Des reproducteurs sont déjà nés ; il est donc possible d'anticiper en faisant des hypothèses sur les trente années à venir (figure 52).

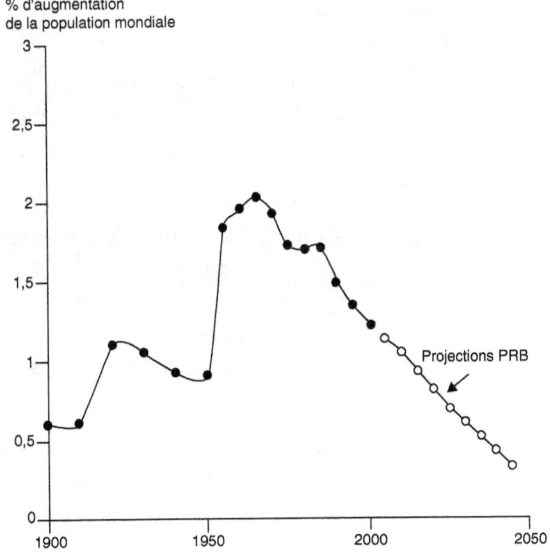

Figure 52
La transition
démographique.

La transition démographique n'est pas la même pour tous, elle est fonction des conditions de vie, de la richesse, de l'éducation, du bien-être, de l'accès à l'eau. Selon les pays, les différences de distribution spatiale peuvent être très importantes.

Le consensus des démographes consiste à dire que l'on va vers une stabilisation – entre 8,4 et 9,1 milliards – en 2050, avec trois paramètres

Distribution de la population modiale*

	2005	2005	2005	2005	2050	2050	2050	2050
	0-14	15-59	+ de 60	+ de 80	0-14	15-59	+ de 60	+ de 80
Total Monde	28,3	61,4	10,3	1,3	19,8	58,3	21,8	4,4
Régions plus développées	17,0	62,9	20,1	3,7	15,2	52,2	32,6	9,4
Régions moins développées	30,9	61,0	8,1	0,8	20,6	59,3	20,1	3,6
Afrique	41,4	53,4	5,2	0,4	28,0	61,7	10,4	1,1
Asie	28,0	62,7	9,2	1,0	18,0	58,3	23,7	4,5
Europe	15,9	63,5	20,6	3,5	14,6	50,9	34,5	9,6
Am. Latine et Caraïbes	29,8	61,2	9,0	1,2	18,0	57,8	24,3	5,2
Am. Nord	20,5	62,7	16,7	3,5	17,1	55,6	27,3	7,8
Océanie	24,9	61,0	14,1	2,6	18,4	56,9	24,8	6,8

* (%) par groupes d'âge et aires géographiques en 2005 et projection en 2050 (hypothèse moyenne).
Source : FNUAP, *World prospects*

marquants : un vieillissement général mais beaucoup plus marqué dans les pays occidentaux, une urbanisation croissante (une population mondiale à 80 % urbanisée) et enfin une très forte disparité démo-spatiale.

Le vieillissement va affecter toute la planète, dès 2010 par exemple, pour la Chine. L'espérance de vie est de 65 ans en moyenne dans le monde en 2007, mais, en 2009, il y a une grande différence entre les 82 ans d'espérance de vie au Japon et les 37 ans en Zambie. Le tableau 19.1 regroupe les différences de répartition par régions selon leur niveau de développement, même si c'est arbitraire..

Gro Harlem Brundtland a synthétisé la situation en disant que « les pays riches sont devenus riches avant de devenir vieux, et les pays en développement seront vieux avant de devenir riches ». Le vieillissement a des répercussions majeures sur tous les aspects de la vie humaine et sur la croissance économique.

Allons-nous vers un monde de citadins ? Nous étions 2 % de citadins en 1800, 10 % en 1900, et en 2007 nous avons passé les 50 % de population urbaine dans le monde. En 2050, nous serons environ 80 %, ce qui laisse paraître des perspectives d'aménagement urbain considérables (tableau 19.2). Il faut aussi remarquer qu'en concentrant la moitié de la population du globe sur moins de 3 % de la surface émergée, les villes offrent de bonnes perspectives de durabilité et de soutenabilité.

LE DÉVELOPPEMENT DURABLE

La définition de référence du développement durable (dit aussi soutenable) est aussi issue du rapport Brundtland : « Le développement durable est un mode de développement qui répond aux besoins du présent sans compromettre la capacité des générations futures de répondre aux leurs » (Rapport de la Commission mondiale sur l'environnement et le développement des Nations Unies (WCED en anglais, dit rapport Brundtland 1987. Ce rapport est disponible dans sa version française sur Internet).

La population des grandes aires urbaines

Aires urbaines	Population (en million d'habitants)
Tokyo (et Chongkin, en Chine)	35 197
Séoul (Corée du Sud)	24 472
New York (États-Unis)	21 903
Mexico (Mexique)	20 347
Sao Paolo (Brésil)	20 038
Mumbaï (ou Bombay, Inde)	18 196
Los Angeles (Etats-Unis)	17 629
Le Caire (Égypte)	17 602
Delhi (Inde)	17 582
Jakarta (Indonésie)	17 002
Osaka (Japon)	16 490
Shangaï (Chine)	14 503
Manille (Philippines	14 500
Londres (Grande Bretagne)	13 945
Paris (France)	11 769

Une métropole, mégapole ou mégalopole est une agglomération de plus de 8 millions d'habitants. Il existe des connurbations tentaculaires décentrées comme Los Angeles, des cités-Etat (Singapour), des villes-province (Chongkin).

Il est difficile de savoir si la démographie peut être une variable d'ajustement contrôlée par l'humanité. La Terre peut supporter 9 milliards d'individus, mais cela dépend de conditions et d'équilibres démo-spatiaux à trouver. Ce n'est pas facile à définir, mais des aménagements intelligents peuvent être trouvés. Rappelons, entre autre, qu'un milliard de personnes sont sous-alimentées et que plus de deux milliards et demi de personnes sont en dessous du seuil de satisfaction des besoins vitaux ; malgré tout, la consommation augmente. Or le mode de vie occidental n'est pas un modèle à diffuser.

Il faut également raisonner par rapport à la superficie. Il existe des territoires vides, des territoires surpeuplés, des situations de ruptures territoriales. Nous pouvons agir sur les normes d'exploitation et d'usage, sur l'aménagement du territoire et l'usage de ses ressources. Il est aussi possible d'intervenir via la fiscalité ou agir par la consommation.

En ce qui concerne le développement et les marges d'adaptation, nous avons les solutions techniques vers le tout écologique, la régulation planétaire planifiée. De manière intéressante, les indicateurs évoluent ; on passe ainsi du PIB, produit intérieur brut, au BIB, bonheur intérieur brut, et on commence à considérer les choses à partir de critères de qualité de vie. Nous sommes également en train de passer au produit intérieur environnemental alors que jusqu'à présent l'environnement n'avait pas de traduction économique (Domenach, 2008).

L'accroissement démographique n'est que l'une des causes de la dérégulation planétaire et pas nécessairement la plus prépondérante…

Les régulations démographiques et environnementales planétaires concernent tout à la fois les territoires, les nations et les individus. Mais dans les conditions politiques et institutionnelles actuelles, cette (dé)régulation ne trouve le plus souvent que des solutions partielles au niveau local ou régional, ce qui pose en préalable la question du développement global et donc de la solidarité internationale et de ses règles.

La bonne gestion d'un capital consiste à se satisfaire des dividendes… Le capital Terre est de plus en plus entamé et produit chaque fois moins de dividendes (dégradation des sols, mers sans poissons…). N'oublions pas que…

« L'homme est à la fois créateur et créature de son univers » (Sommet de la Terre, Conférence de Stockholm, 1972)

RÉFÉRENCES BIBLIOGRAPHIQUES

(1) Domenach H., 2008. Les grandes tendances démographiques et l'environnement : l'enjeu d'une planète viable. *Mondes en Développement*, 36 : 97-110

Espérance et qualité de vie

Jean-Claude Ameisen*

*Président du Comité d'éthique de l'Inserm.

La révolution darwinienne [1] nous a apporté notre vision moderne de la biodiversité, des mécanismes qui ont fait émerger l'ensemble du monde vivant au cours du temps. De manière assez paradoxale, Darwin n'avait rien écrit sur l'espérance de vie et sur le vieillissement. Pendant un siècle, ces questions sont restées un mystère en biologie, déconnectées de la théorie de l'évolution jusqu'aux travaux de deux immunologistes, Peter Medawar (1915-1987) [2] et Georges Williams, dans les années cinquante. Ils proposent l'idée, alors purement spéculative, que ce qui nous fait vieillir et disparaître s'est transmis de génération en génération parce qu'il s'agit d'un effet tardif, postérieur à ce qui nous permet de nous construire et de nous reproduire.

Il existe des gènes et des mécanismes jouant un rôle essentiel dans la construction, le développement, la croissance et la fécondité, et dont l'un des effets tardifs est de déconstruire ce qu'ils ont permis de créer. Cette théorie est restée spéculative pendant une quarantaine d'années jusqu'à ce que dans les années 1990, elle commence à être l'objet d'explorations moléculaire.

Le vieillissement est-il un phénomène d'usure ou est-il véritablement un phénomène actif ? Des études moléculaires ont été réalisées sur de petits animaux extrêmement distants de nous dont les derniers ancêtres communs remontent à 700 millions d'années : le ver transparent, la mouche et la souris. Un point commun entre ces trois espèces extrêmement différentes est l'augmentation d'au moins 30 % de l'espérance de vie après une modification génétique, ce qui équivaudrait dans l'espèce humaine à une espérance maximale de vie de 160 ans.

Ce qui a beaucoup surpris à l'époque, c'est que l'augmentation de l'espérance maximale de vie n'est pas due à une augmentation de la période de vieillesse, mais de la période de jeunesse. Elle est associée chez certaines espèces à une augmentation de la robustesse du corps. Les corps sont non seulement jeunes beaucoup plus longtemps mais ils résistent mieux à certaines agressions de l'environnement.

Une autre découverte, antérieure, avait été négligée, montrant que l'on peut obtenir le même résultat par des modifications de l'environnement et du mode de vie. Si on restreint la richesse calorique de l'alimentation de ces trois espèces, on obtient le même résultat d'augmentation de 30 % de l'espérance maximale de vie. Un gène inhabituel dans un environnement habituel ou un gène habituel dans un environnement inhabituel peuvent avoir le même effet. Quand on combine ces deux démarches, il n'y a aucune augmentation supplémentaire, ce qui montre qu'elles agissent sur les mêmes mécanismes.

L'espérance de vie n'est pas la même selon les différentes régions de la planète. Le Programme des Nations unies pour le développement (PNUD) a proposé un indicateur de développement qui comprend l'espérance de vie moyenne. Dans les pays pauvres aujourd'hui encore, cette espérance de vie ne traduit pas le vieillissement en bonne santé dans un état relativement conservé de jeunesse, mais la baisse de la mortalité par maladies infectieuses, pollution, dénutrition, absence d'eau potable, massacre ou guerre…

L'Organisation mondiale de la santé (OMS) indique depuis plusieurs années que tous les ans, 2 millions d'enfants meurent avant l'âge de 5 ans de pneumonies et de pneumopathies. Nous possédons collectivement les vaccins et les traitements qui permettraient d'empêcher la mort de ces 2 millions d'enfants. Ce ne sont pas simplement nos rapports à l'environnement qui en sont la cause, ce sont aussi nos rapports les uns avec les autres.

Nous sondons à juste raison les corps et les gènes pour essayer de trouver les causes de maladies et de morts prématurées mais nous négligeons les déterminants sociaux. La manière dont nous construisons nos sociétés a des conséquences en termes de santé et de maladie, de vie et de mort. Plutôt que la question posée au départ « L'homme peut-il s'adapter à lui-même ? », je pense que la question devrait être « Pouvons-nous nous adapter collectivement les uns aux autres » ?

RÉFÉRENCES BIBLIOGRAPHIQUES

(1) Ameisen J.C., 2008. *Dans la lumière et les ombres. Darwin et le bouleversement du monde.* Fayard, Seuil.
(2) Medawar P.B., 1951. *An unsolved problem of biology.* An inaugural Lecture delivered at University College of London, 6 Dec 1951. Published for the College by HK Lewis Ltd. London.

Gilles Boeuf

Plusieurs études publiées dans des revues médicales montrent notamment que le fait d'habiter à proximité de parcs en ville améliore la qualité de la vie et réduit en outre les inégalités sociales. La préservation de la nature et de la biodiversité se justifie donc non seulement pour des raisons économiques liées à l'utilisation des ressources, mais aussi pour des raisons médicales et éthiques.

Jean-Claude Ameisen

Ce qu'Amartya Sen appelle l'accès au droit, c'est pouvoir se sentir en partie maître de ce que l'on fait. Le contact avec la nature désenclave, permet à l'imagination d'avoir accès au merveilleux et à l'universel. Il s'agit d'une forme de partage et de démocratie.

Un travail de modélisation mathématique publié en juin dernier dans le British Medical Journal montre que pour 100 euros d'augmentation du PIB par habitant, on diminue la mortalité, mais qu'on la diminue beaucoup plus si on augmente de la même somme les dépenses de santé. Plus intéressant, si on augmente les dépenses sociales, l'espérance de vie est augmentée encore plus fortement, car on donne un accès plus large aux soins ou à des modes de vie plus favorables.

Joël Menard

Le médecin est habitué à travailler à partir de deux paramètres, l'observation et l'intervention. Il est parfois désespérant de constater que les observations ont été faites il y a déjà trente ans. Les interventions sont ensuite réalisées avec plus ou moins de rigueur et de réussite. Elles ne sont en tout cas pas toujours réalisables à la manière d'un médecin qui administre un médicament. On ne peut pas prendre le risque d'enrichir l'alimentation de toute une population, au motif que certaines personnes ont des carences.

Pascal Picq

Cela a été fait aux Etats-Unis, et très discuté du fait d'effets secondaires difficilement mesurables. Ce genre de mesure ne peut être pris qu'après un long débat et est donc difficile à mettre en œuvre.

Vous avez parlé de nature hostile, or la nature n'est ni bonne ni mauvaise. Il s'agit de schémas que nos cultures nous ont inculqués. Nous devons changer notre vocabulaire et nos représentations.

Nous sommes des espèces K ou hyper K selon les modèles évolutionnistes décrivant les stratégies de reproduction. Nous sommes des espèces dont les individus dépendent les uns des autres. L'éthologie nous apporte cet éclairage. Ce qui a été dit précédemment sur les politiques sociales va dans le même sens. On découvre enfin que les solutions apportées par la médecine sont plus ou moins efficaces selon le contexte social.

Hervé Domenach

Pour que le citoyen-consommateur s'implique dans les questions environnementales ou sociales, il faut qu'il ait un niveau suffisant de satisfaction des besoins vitaux, qu'il soit éduqué et motivé, voire militant. Le nombre de personnes remplissant ces critères est estimé dans le monde à 300 à 500 millions de personnes, soit moins de 10 % de la population mondiale. Le salut ne viendra donc pas du changement de comportement des consommateurs mais de ceux qui mènent la planète.

FRAGMENTS DE DÉBATS

Jean-Claude Ameisen

Il ne suffit pas de savoir pour faire. Le lien entre pauvreté et maladie est mis en avant statistiquement dès 1860 par Villermé. A la même époque, d'autres épidémiologistes comme Chadwick en Angleterre font l'interprétation inverse : la maladie rend pauvre. Le constat est donc ancien.

Depuis le code Nuremberg, l'idée du choix libre et informé est au cœur de la médecine. Nous avons cependant des difficultés à traduire cette avancée individuelle dans nos comportements collectifs. Chacun doit pouvoir être informé et accepter librement de faire quelque chose qui comporte un risque, au bénéfice de la communauté. La procédure doit illustrer l'idée défendue, car il est paradoxal d'instrumentaliser des personnes au profit de ce que l'on considère être leur autonomie et leur capacité à vivre.

Claudine Junien

Existe-t-il des études montrant comment va évoluer l'emploi si la population devient plus citadine ?

Hervé Domenach

Nous avons une idée de ce qui va se passer en ce qui concerne les secteurs d'activité primaire, secondaire et tertiaire. Nous disposons de plusieurs scénarios, sans avoir de projections chiffrées. (...)

Joël Menard

Ce qui intéresse l'industriel dans les années 1970-1980, ce sont les maladies fréquentes, survenant à un âge avancé de la vie dans des pays riches. A ce niveau, la taille de marché est importante. Les choses ont changé avec la prise en compte des maladies rares, aux alentours de 1995 en France. Simultanément, les thérapies cellulaire et génique se développent. Les modes de pensées et les techniques ont évolué dans le même temps.

Jean-François Minster

Quelle est votre perception de la dimension culturelle des analyses que nous avons ici même ? Au Japon par exemple, l'immigration reste taboue, l'environnement est envisagé seulement sous l'angle du bien-être, le développement des systèmes de santé à partir des techniques de prévention pour en réduire le coût par avance. La projection sur l'innovation consiste à affirmer que les sociétés vieillissantes sont aussi innovantes que les autres. Ces analyses sont à l'opposé du regard porté en Europe.

Jean-Claude Ameisen

Au Japon, le développement de la robotique est très fortement porté par le besoin d'assistance aux personnes âgées. Il existe un animisme shintoïste qui rend l'acceptation de soins par des robots plus facile. Les facteurs culturels peuvent par ailleurs modifier très rapidement la démographie et sont malheureusement trop souvent négligés.

Hervé Domenach

Le Japon est un cas très particulier car sa politique est de ne pas accueillir d'immigrants mais d'utiliser des robots pour remplir les tâches accomplies actuellement par les immigrés philippins. En Russie, à l'inverse, l'espérance de vie des hommes n'est plus que de 60 ans contre 71 ans pour les femmes. Ces situations particulières renvoient toutes à des paramètres culturels.

Jean-François Toussaint
Je ne suis pas certain, comme Hervé Domenach le présentait, que les politiques natalistes permettent de lutter contre le déclin de la fécondité associée à toute transition démographique. Il semble que des facteurs émergents beaucoup plus puissants, résultat collectif des comportements individuels, se révèlent alors. (...)

Bernard Chevassus-au-Louis
(sur le mal-être paysan...)
La gestion de la transition est aussi importante que la définition de nouveaux modèles. Nous devons relever un double défi, celui de définir de nouveaux modes de production, plus économes en intrants et celui de baliser un chemin économiquement viable de transition vers ces nouveaux modes.

3.

DES ESQUISSES
DE SOLUTIONS

Contraintes et agendas politiques

Jacques Delors*

*Président de la Commission européenne de 1985 à 1994.

Il est nécessaire de faire d'abord une distinction nette entre les sciences dures et les sciences sociales. La première différence réside dans la notion de temps long. Pour le politique, en dehors de quelques exercices prospectifs et de la création de multiples commissions, le temps long signifie 5 ou 10 ans. L'autre différence est la mesure des dégâts ou des coûts du progrès et de l'évolution. Les scientifiques parlent de sélection naturelle tandis que le politique parlera en termes de coût pour l'homme ou de coût pour la nature et l'environnement.

La philosophie politique est fondée sur d'autres principes que la science. La notion d'évolution n'est pas encore perçue dans le monde politique comme elle devrait l'être. Autre difficulté, la plus grave aujourd'hui sans doute, réside dans le fait que nos philosophes et nos politiques sont trop influencés par l'occidentalisme. Cette idée dirige le monde depuis la toute puissance des États-Unis et de l'Europe au XIXe siècle mais elle se voit bousculée aujourd'hui par la globalisation.

Il faut distinguer plusieurs formes de globalisation. La première prend la forme de rapports de force et d'influence. La seconde, économique, se traduit par une amélioration générale, même si celle-ci est limitée. Ces différentes formes s'accompagnent d'une « démondialisation », car l'homme contemporain, frappé par la distance entre le global et le local, essaie de retrouver des attachements, des sécurités et des références au niveau local.

Mon propos est bâti autour des cinq points.

Le progrès des sciences et des technologies

Le politique, dans ces domaines, a recours à deux éléments : l'expert et l'éthique. Le cercle politique encourage la science, mais il est désarmé devant ses progrès. Dès lors, il demande l'intervention des experts, des philosophes et du religieux.

Les politiques sont aux prises avec deux problèmes compliqués : prolonger la vie et donner la vie. Prolonger la vie est un thème dominant qui entraîne des choix de politique de santé ; la réponse à ces questions délicates se traduit parfois par des baisses sur les médicaments ou sur les remboursements, des réorganisations des hôpitaux, auxquels se joignent les problèmes liés au déficit de la sécurité sociale. Quant au fait de donner la vie, les politiques sont tout aussi désarmés et ces questions les embarrassent. Est-il possible de créer du vivant à partir du laboratoire ?

L'évolution de la nature et de son environnement

Nous parlons de réchauffement, de biodiversité, mais les résistances sont nombreuses, de tous les côtés. Finalement, la mondialisation des problèmes s'observe, alors que nous sommes encore loin de la mondialisation des esprits.

Les progrès de la science peuvent-ils nous aider à résoudre ces problèmes ? C'est possible, mais le politique a ses contraintes, comme on a pu le constater à la conférence de Copenhague.

Un autre exemple concerne les stocks de dioxyde de carbone et les flux de gaz à effet de serre. Nous venons de constater qu'en matière de flux, l'Asie produisait autant, voire plus de gaz à effet de serre que les États-Unis. En termes de stocks cependant, la Chine a contribué à moins de 8 % des stocks existant de dioxyde de carbone, les USA 29 % et l'Europe 27 %. La question n'a malheureusement pas été posée dans ces termes. En définitive la maîtrise de l'homme sur le milieu naturel est croissante, mais le degré d'ignorance collective de nos actions demeure important.

La globalisation

Le pôle de puissance et d'influence se déplace d'Ouest en Est, et le Sud ne veut pas se faire oublier. Ce qui rend dramatique la globalisation, c'est qu'elle aggrave la conflictualité. Certes, il y a le G20, un espoir raisonné, mais il reste beaucoup d'individualismes. Enfin, le problème du déclin démographique dans nos pays prend pour les hommes politiques deux formes concrètes : l'encouragement des politiques familiales et l'immigration.

Les exigences du développement humain

Un monde vieillissant exige des dépenses de santé importantes. Par ailleurs, les dégâts de la surconsommation et du progrès ont été traités dès 1960 dans le livre *The Influent Worker* qui soulignait que les pauvres pouvaient posséder tous les instruments électriques mais qu'ils n'en restaient pas moins pauvres malgré tout. Cela nous fait réfléchir à la surconsommation, la pauvreté, les inégalités et la notion de société juste. Ce qui est réellement en cause, selon Amartya Sen, c'est la « capabilité », le fait que chacun soit doté, par l'inné ou l'acquis, de la capacité de se comprendre lui-même, de comprendre les autres et de maîtriser sa vie.

L'homme lui-même et la mort

L'allongement de la durée de la vie reste une obsession, une avancée certaine, mais un vide en ce qui concerne la représentation de la mort, pour ceux qui n'ont plus que la substitution d'une religion. Les politiques ne s'en préoccupent guère et tentent seulement de démontrer qu'ils font tout pour allonger la vie.

Il ne faut cependant pas désespérer, et j'espère que la grandeur du politique consistera à redonner à chacun les moyens de se comprendre lui-même et de maîtriser sa vie. Ainsi nous pourrons redonner à la politique sa tâche humble, pédagogique, rassembleuse et la replacer parmi les sciences humaines et les sciences exactes.

RÉFÉRENCE BIBLIOGRAPHIQUE

(1) Delors J., 1994. *L'unité d'un homme. Entretiens avec Dominique Wolton.* Odile Jacob.

L'énergie solaire et ses cycles

Sylvaine Turck-Chièze*

*Directrice de recherches en sismologie stellaire, Institut de recherche des lois fondamentales de l'univers, CEA-Saclay, Gif-sur-Yvette.

Les progrès effectués sur la connaissance du soleil et de sa variabilité, orientent les scientifiques vers l'étude du rôle du soleil sur l'environnement terrestre et sur l'homme. L'optimisation des connaissances de l'énergie solaire inspire, sous une forme encore inachevée, l'énergie du futur.

À la fin du XIXe siècle, une polémique acharnée a opposé ceux qui considéraient que la Terre avait déjà vécu des milliards d'années et ceux qui estimaient que le soleil, avec la luminosité qui s'en échappe chaque seconde, ne devrait vivre que quelques millions d'années. La découverte de la physique nucléaire a ensuite permis à Hans Bethe de comprendre dans les années 1930 le rôle important des réactions nucléaires. Au centre du soleil, deux hydrogènes se transforment en hélium en libérant une quantité d'énergie qui compense l'hémorragie d'énergie rayonnée à sa surface. Cette stabilisation de notre étoile permet aux scientifiques d'estimer que le soleil a déjà vécu 4,6 milliards d'années. La compréhension de ce qu'est l'énergie émise par le soleil va alors inspirer beaucoup de travaux ultérieurs.

Entre les années soixante-dix et quatre-vingt-dix, un tournant décisif est pris en multipliant les observations du cœur solaire. La détection de particules énigmatiques, appelées neutrinos, émis par les réactions nucléaires, coïncide avec le développement de la sismologie du soleil avec le satellite Soho, fruit de la collaboration des agences spatiales européenne et américaine (figure 53, planche VIII). La détection de très nombreuses ondes acoustiques permet de réaliser une « échographie » permanente du cœur solaire et de l'ensemble de l'intérieur solaire (figure 54, planche VIII). Il en résulte des modèles complexes mais quantitativement vérifiés de l'évolution temporelle du soleil avec des équations intégrant les meilleures connaissances de physique des particules et des plasmas [5]. Le nombre considérable de neutrinos émis par la région centrale solaire est confirmé : près de 10 milliards par cm² et par seconde. Nous sommes donc envahis par ces neutrinos, qui interagissent extrêmement faiblement avec la matière et donc avec l'homme [1].

Le modèle du soleil et des étoiles est une base de plus en plus solide pour bien comprendre cette source d'énergie. L'irradiance solaire reçue par la Terre est de 1365 watts par m². C'est l'unique source primaire de chaleur de la Terre. Sa stabilité est remarquable aujourd'hui puisqu'elle ne varie que de 1 ‰ au cours du cycle bien connu depuis Galilée d'environ 11 ans même si des fluctuations d'environ 4 ‰ sont visibles autour du maximum de cette activité cyclique [3].

Mesurée depuis 30 ans, cette faible variation de luminosité est utilisée dans les modèles climatiques. Celle-ci est toutefois un million de fois plus grande que celle prédite par le modèle standard du soleil qui ignore les effets magnétiques. Si les effets magnétiques sont réduits à la surface, ils se manifestent beaucoup plus clairement dans l'atmosphère solaire où la densité du gaz est très faible rendant ainsi la pression gazeuse faible par rapport à la pression magnétique (figure 55, planche VIII). Certes, la variabilité de ce cycle affecte peu l'énergétique initiale dans le problème climatique, mais elle pourrait influencer l'atmosphère terrestre de façon dynamique. La haute atmosphère est influencée par la forte variation de la partie ultraviolette du spectre solaire avec un impact sur l'ozone. Les plus basses couches pourraient être affectées par un effet de rétroaction avec des effets indirects climatiques, régionaux et saisonniers comme observé dans le passé (figure 56, planche IX) [2].

Cette activité solaire, qui se manifeste par des phénomènes magnétiques éventuellement éruptifs, est observée depuis quatre siècles grâce à des taches émergeant à la surface à un rythme de 11 ans en moyenne (figure 56, planche IX). Ces taches sur la photosphère émergent à haute latitude, puis progressent vers l'équateur et contraignent le champ magnétique du soleil à s'inverser tous les 22 ans. Il n'est pas encore bien établi si ce cycle de 11 ans est le seul mais il y a de plus en plus de raisons de suivre le phénomène magnétique, en interne et en externe.

Depuis quelques années, grâce aux connaissances de la rotation interne, des mouvements de sous-surface et des observations externes, une vision plus dynamique du soleil se met en place. L'activité solaire est décrite sur des échelles de temps très variables : 2 fois 11 ans, quelques centaines d'années, voire plus, si l'on étudie le champ magnétique fossile [5, 6].

À cette activité cyclique s'ajoute un champ magnétique de sous surface. Il en résulte un plasma sous forme d'arches à la surface, qui peuvent parfois se rompre et générer alors des éjections considérables de masse coronale (figures 57 et 58, planche IX). Réparties dans l'environnement, leur taille proportionnelle à celle de la Terre doit être relativisée. Toutefois, ces émissions peuvent devenir problématiques lorsqu'elles atteignent la Terre. Les particules se déplacent dans l'environnement interstellaire, se heurtant au bouclier protecteur de la magnétosphère terrestre qui se déforme sous la puissance du choc mais protège la Terre d'une précipitation directe. Les particules sont déviées et une partie d'entre elles sont focalisées vers les pôles. C'est l'origine des aurores boréales, mais aussi de problèmes plus fâcheux comme les orages magnétiques que la météorologie de l'espace étudie avec beaucoup d'intérêt.

Notre société de plus en plus technologique a déjà pâti de ces orages : coupure générale d'électricité à New York, risque pour les centrales électriques et les réseaux, les pilotes (dose cumulée), les astronautes, etc. Plusieurs satellites d'observation suivent aujourd'hui l'éjection de matière au moment où elle est émise et permettent d'en définir sa direction, mais une fois passée dans le milieu interstellaire, le phénomène est plus diffus. Il est seulement possible de savoir approximativement en fonction de l'énergie des particules émises combien de temps ces particules vont mettre pour arriver dans notre environnement.

Des stratégies se mettent donc en place à cet effet, où l'on envisage en particulier d'arrêter pendant un jour toutes les centrales en cas de très grosse éjection dirigée vers la Terre afin d'éviter toute dégradation. Deux satellites SDO (américain) et Picard (principalement français) viennent d'être lancés pour étudier tous les phénomènes de variabilités, mais il faudra maintenir d'autres satellites en station pour suivre les événements rapides ou lents qui pourraient correspondre à des phénomènes dynamiques plus profonds et mieux compris anticiper leurs effets.

Le soleil est un plasma particulièrement étudié et informatif. Dans les défis énergétiques actuels, il joue un rôle essentiel. Deux directions sont actuellement en développement industriel ou en étude au laboratoire :
• utiliser l'énergie provenant du soleil ;
• dompter l'énergie solaire sur Terre.

La première idée a déjà fait l'objet de nombreux défis industriels : fabrication de panneaux solaires pour des besoins très locaux, de fours solaires comme à Odeillo en France avec une puissance de 1 MW (figure 59, planche X)[27]. Un des avantages consiste en effet à avoir une source présente au plus fort pic du besoin énergétique c'est-à-dire autour de midi, localement, qui pourrait couvrir plus de 50 % des besoins. Les problèmes associés viennent de la localisation de la source (pays du Sud), des nuages, bref de son intermittence au sens large (pas de source la nuit), de son stockage et de son transport. Certaines études proposent de stocker la chaleur dans des sels de sodium, potassium ou nitrate et de les restituer ensuite.

Les coûts de transport envisagés par exemple en Europe, des pays du Sud vers le Nord, sont élevés et doivent faire face à de fortes déperditions.

Depuis longtemps, l'homme essaye aussi de reproduire le plasma solaire sur Terre, mais cela s'avère très difficile puisqu'atteindre les niveaux où les réactions nucléaires se mettent en place, c'est faire en sorte que des particules de même charge s'attirent, ce qui est contraire à la physique de laboratoire classique. Pour le soleil, la gravité crée naturellement ces conditions avec une température centrale de 15 millions de degré grâce à une densité 100 fois la densité du solide dans le cœur solaire. Sur Terre, en l'absence d'une gravité comparable, il faut prévoir des températures de centaines de millions de degré avec des milieux beaucoup plus dilués et des réactions de probabilité beaucoup plus élevée que la transformation d'hydrogène en hélium particulièrement rare (c'est pourquoi le soleil vit si longtemps depuis plus de 10 milliards d'années).

---

27. www.promes.cnrs.fr

Deux voies sont explorées en France aujourd'hui, celle de la fusion magnétique et celle de la fusion inertielle. Dans les deux cas, il s'agit de produire la réaction *deutérium + tritium* qui produit un atome ionisé d'hélium plus un neutron et libère une énergie de 24 MeV[28] à chaque réaction. Pour la fusion magnétique, la gravité cède la place à des champs magnétiques confinant le plasma dans un grand volume, c'est le projet Iter (figure 60, planche X)[29]. À Bordeaux, il existe désormais un ensemble impressionnant, plus haut que Notre-Dame, doté de 180 faisceaux laser qui pointeront une cible d'une taille similaire à la pupille d'un être humain pour réaliser un plasma très confiné et très dense afin de réaliser la fusion dans un petit volume (figure 61, planche X)[30]. Ces installations permettent de réfléchir à une énergie nucléaire plus propre, pour des centrales de l'ordre du gigawatt, que celle obtenue par fission et qui limiterait beaucoup les problèmes des déchets nucléaires ainsi que les problèmes d'approvisionnement en matière première, sans produire de CO_2.

Notre connaissance du soleil a fait d'énormes progrès au cours des 20 dernières années. L'activité solaire est au centre de nos études mais ses origines sont encore mal comprises et donc difficilement prédictibles, notamment l'effet cumulatif de ses variations sur le climat terrestre, l'environnement et la santé humaine. Plusieurs voies sont explorées en France pour utiliser l'énergie solaire à des buts énergétiques mais les progrès à accomplir ne permettront pas de l'utiliser de façon rentable avant plusieurs décennies.

RÉFÉRENCES BIBLIOGRAPHIQUES

(1) Ahmed S.N., SNO (collab.), 2004. Measurement of the total 8B solar neutrino flux at SNO. *Phys. Rev. Lett.* 92 181301.

(2) Dudok de Wit T., Waermann J., 2010. Solar forcing of the terrestrial atmosphère. *CR Geo.*, 342 : 259.

(3) Fröhlich C., 2006. Solar Irradiance Variability Since 1978. Revision of the PMOD Composite during Solar Cycle 21. *Space Sci. Rev.*, 125 : 53.

(4) Turck-Chièze S., Couvidat S., 2011. Helioseismology, Neutrinos and the solar internal dynamics. *Report in Progress in Physics* 74, arXiv 1009.0852.

(5) Turck-Chièze S., Piau L., Couvidat S., 2011. The solar energetic balance revisited by Young solar analogs, helioseismology and neutrinos. *Ap. J. Lett.*, 731, L29.

---

28. MeV : mégaélectron volt.

29. www.iter.org

30. www.lmj.cea.fr

L'énergie aujourd'hui, mais demain ?

Jean-François Minster*

*Directeur scientifique, Total, Paris-La Défense.

La problème de l'énergie s'analyse en relation étroite avec les enjeux du développement. En effet, la consommation d'énergie par habitant croit avec la richesse par habitant, mesurée par le PNB, dans tous les pays, jusqu'à un certain niveau. La consommation d'énergie alors n'augmente plus tandis que l'on continue d'accroître la richesse.

Prenons l'exemple de la Chine où tous les dix jours s'ouvre une centrale à charbon de un gigawatt, l'équivalent d'une centrale nucléaire en France. Un tel pays est encore dans la zone de croissance de la consommation d'énergie par habitant. Actuellement, il n'y a pas de solution – ni sociale ni technologique – permettant de réaliser un développement similaire à celui des pays avancés sans accroissement de la consommation d'énergie. L'augmentation de la population du monde soulève par ailleurs un problème éthique d'accès à l'énergie, nécessaire pour leur santé, leur éducation, leur productivité et pour leur bien-être, puisque environ 1,5 milliard d'habitants n'accède pas à des formes modernes d'énergie et malgré cela paie leurs calories plus chères que les populations des pays développés.

On ne peut donc pas imaginer que les décennies prochaines aient lieu sans croissance de consommation d'énergie dans le monde puisque la population croît et que les richesses augmentent. Il est ainsi très difficile d'imaginer une croissance énergétique en dessous de 1 à 1,5 % par an.

La première chose que font les pays quand ils se développent est d'accroître leur mobilité. La demande se décline d'abord en croissance de la demande d'énergie pour les transports. Pour cela, aujourd'hui et pour les prochaines décennies, le moteur thermique restera dominant, ne serait-ce qu'à cause de la durée de vie des véhicules.

Changer un système aussi massif que le système énergétique mondial, jusqu'aux infrastructures, est extrêmement complexe. Si l'on se projette dans l'avenir en ne changeant pas la donne actuelle, les énergies fossiles, le charbon, le pétrole, le gaz resteront la réponse dominante à la demande d'énergie. Il y a des ressources, ces énergies ne sont pas chères, les systèmes industriels existent et ils sont extrêmement adaptables ; jusqu'à 90 % des recettes du pétrole reviennent aux pays producteurs et cela fait aussi vivre les états consommateurs avec, selon les cas, une taxe sur les importations de produits pétroliers (TIPP), comme en France.

Ce n'est pas le cas des autres formes d'énergie. Changer un système qui rapporte à tout le monde contre un système qui va coûter à tout le monde crée quelques difficultés.

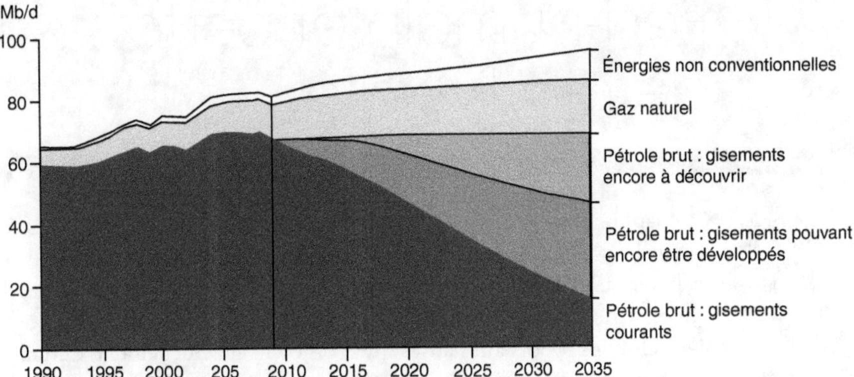

Figure 62
Production mondiale, pétrole et gaz.
D'après le rapport de l'Agence internationale de l'énergie, 2010.

Chaque réservoir de pétrole est consommé à hauteur de 5 % par an. Il faut le remplacer en permanence si l'on veut avoir du pétrole pour les années suivantes. Investir est donc un énorme enjeu dans l'industrie pétrolière ; elle se monte à environ 500 milliards par an. Ce qui limitera la capacité de production, c'est aussi la capacité de poursuivre les investissements. Or il sera difficile de fournir le besoin d'énergie à court terme avec les énergies nouvelles, le nucléaire ou l'hydraulique. Il y a 1 % de demande d'énergie en plus chaque année. Nous ne savons pas actuellement satisfaire cette croissance de la demande avec les énergies renouvelables.

Il faut penser bien sûr au changement climatique. Il est difficile de traiter seulement la réduction des émissions de gaz carbonique, il faut aussi se préparer aux impacts du changement climatique pour les sociétés, pour l'environnement et aussi pour le monde économique. En termes d'émissions de gaz carbonique, que peut-on faire d'ici à 2030 ? Il est presque impossible que les énergies nouvelles fassent le poids ! En fait, ce qu'il est le plus facile de faire et le moins coûteux à court terme pour réduire les émissions, par exemple, en utilisant du gaz plutôt que du charbon pour la production d'électricité. Il faut donc absolument travailler sur l'efficacité énergétique, en premier lieu chez le consommateur d'énergie, car environ 90 % de l'énergie produite dans le monde est utilisée par les consommateurs individuels. Nous avons donc besoin de produits efficaces et éco-performants pour tous les secteurs d'activité.

La technologie peut-elle faire baisser les coûts ? À l'échelle mondiale, 100 milliards de dollars sont dépensés chaque année pour la recherche dans le secteur de l'énergie mais seulement 10 % de cette recherche porte sur l'efficacité énergétique. Personnellement, cela fait longtemps que je recommande que 20 % de ces crédits y soient consacrés, comme l'ont fait les Japonais et les Finlandais.

147

Post-humain et perte de biodiversité

Dominique Lestel*

*Maître de conférences à l'École normale supérieure, laboratoire Écoanthropologie et tehnolobiologie, Muséum national d'histoire naturelle.

Ce chapitre porte sur la biodiversité dans le contexte des technologies sur lesquelles s'appuie le post-humain, ce que l'on appelle la convergence des technologies NBIC (nanotechnologies, biotechnologies et technologies de l'information et de la communication) en se limitant à un champ particulier, celui des robots animalisés que l'on conçoit actuellement. Certaines machines s'animalisent de plus en plus, en termes de comportement notamment. Ce phénomène va des ancêtres, les tortues de Grey Walter[31] dont les comportements pouvaient être considérés comme autonomes, jusqu'aux créatures actuelles, plus élaborées. Les robots animaux sont d'une grande diversité : insectes, serpents, poissons, singes. Leur design est plus ou moins soigné, et leur taille variable.

Les créatures robotisées, charmantes et sensuelles ont commencé à se développer à partir des Tamagochi[32]. Ces machines requéraient des soins et avaient des besoins. Sans soins, les animaux-machines pouvaient « mourir ». Leur extinction conduisait leur propriétaire à ressentir des émotions négatives très proches de celles ressenties à la mort de leur animal de compagnie. Le robot-chien Aibo de la marque Sony a provoqué des réactions du même ordre, suscitant un attachement très frappant de la part de ses acquéreurs. On assiste ainsi à une forme d'« hominisation » des créatures artificielles, jusqu'aux créatures humanoïdes, de plus en plus performantes en termes de langage et d'expression.

La question clé est de savoir en quoi ces petits robots animalisés constituent une menace ou un indicateur de la perte de biodiversité. Je voudrais revenir à une anecdote relatée par une sociologue américaine du MIT, Sherry Turkle. Lors d'une visite au zoo d'Orlando, sa fille adolescente exprime sa déception à la vue des tortues réelles, moins convaincantes que les tortues artificielles vues à Disneyworld. Ce constat exprime un renversement : le robot artificiel devient le référentiel de l'animal lui-même.

Cette réaction peut être élargie à toute une catégorie que la sociologue nomme les artefacts relationnels. Ces artefacts ne servent ni à produire, ni à aider à faire quelque chose mais ont pour but de partager votre vie, de vous aider à mieux vivre ; avec eux vous aurez des relations émotionnelles fortes. La question est étudiée au Japon, où l'on considère ces artefacts comme une solution pour interagir avec des personnes, les plus âgées notamment, à défaut de personnel disponible.

---

31. Grey Walter (1910-1977) est un neurophysiologiste devenu pionnier en cybernétique.
32. Au Japon, animal virtuel de compagnie

Sherry Turkle a posé la question de savoir ce que devient la notion d'amour à partir du moment où un artefact peut dire de manière très convaincante à quelqu'un qu'il « l'aime ». Ces observations peuvent par ailleurs amener à s'interroger sur la préférence pour l'artificiel exprimée par les personnes étudiées. Si je porte un intérêt plus grand aux animaux artificiels, pourquoi chercher à préserver les animaux naturels ? Le facteur psychologique et émotionnel est en effet très important.

Pourquoi trouve-t-on ces animaux artificiels primitifs si attirants ? La sociologue donne une explication psychosociologique concernant les Tamagochi, avançant que le fait d'avoir à les nourrir et d'en prendre soin est un facteur déclenchant.

Une autre explication plus inquiétante peut-être trouvée dans le champ de la sociobiologie. Dans les années soixante-dix, les chercheurs ont distingué les explications proximales et des explications évolutionnistes, à partir d'exemples comme les caractères physiques du coq de bruyère par exemple. La préférence pour les artefacts pourrait ainsi s'expliquer par une hypothèse évolutionniste : la jeune génération qui exprime cette préférence pourrait tout simplement être en train de s'adapter à la perte de la biodiversité du vivant. Cette situation peut conduire à accentuer la perte de la biodiversité.

Rien ne s'oppose en outre à ce que l'on puisse généraliser à l'humain ce type de processus. Il est en effet envisageable que l'on puisse préférer progressivement la fréquentation d'humanoïdes à celle de véritables humains. La question a déjà été abordée par le philosophe William James au début du XXe siècle. Sa réponse n'est pas satisfaisante car il suppose que l'humain détecterait d'instinct le caractère artificiel et ne s'en satisferait pas.

En poussant le raisonnement à l'extrême, on pourrait imaginer qu'après avoir éliminé tous les êtres vivants de son écosystème proche, l'homme, dernier compétiteur en lice, puisse chercher le moyen de s'éliminer en tentant de s'allier avec ses artefacts.

Biodiversité et production de richesse, une érosion inéluctable ?

Jacques Weber*

*Économiste et anthropologue, ancien directeur de l'Institut français de la biodiversité, directeur de recherches au Cirad, enseignant à l'EHESS.

Les échelles de temps des processus et de la décision ne sont pas les mêmes. La décision revient à tenter d'influer sur des processus de très long terme au travers d'une toute petite lucarne temporelle. La question cruciale, consistant à s'interroger sur le monde que nous voulons, pose le problème de la croissance confronté à celui de la prospérité. Si l'on envisage ces problèmes du seul point de vue du produit intérieur brut (PIB) la réponse sera bien différente de celle que l'on obtiendrait en se basant sur l'indicateur de développement humain (IDH).

Derrière le problème de l'accumulation de la richesse se pose celui de sa répartition. Il existe une règle presque infaillible qui veut que la biodiversité la plus riche soit habitée par les plus pauvres. La conférence de Nagoya vient de créer le protocole ABS (accès et partage des avantages, *access and benefit-sharing*) qui suppose que l'origine de molécules extraites soit connue de façon précise et que sera fait un partage équitable des bénéfices tirés de leur utilisation.

La figure 63 présente la répartition de l'empreinte écologique en fonction de zones économiques allant de la moins riche à la plus riche. Le diagramme montre que la pression sur les milieux croît de façon exponentielle avec la richesse. Se pose alors un problème souvent présenté de cette manière par les médias : faut-il sauver la planète ou sauver l'économie ? Ce dilemme n'est pas fatal.

Figure 63
Empreinte écologique par région en 2001.
La pression sur les écosystèmes croît exponentiellement en fonction des revenus (source : WWF).

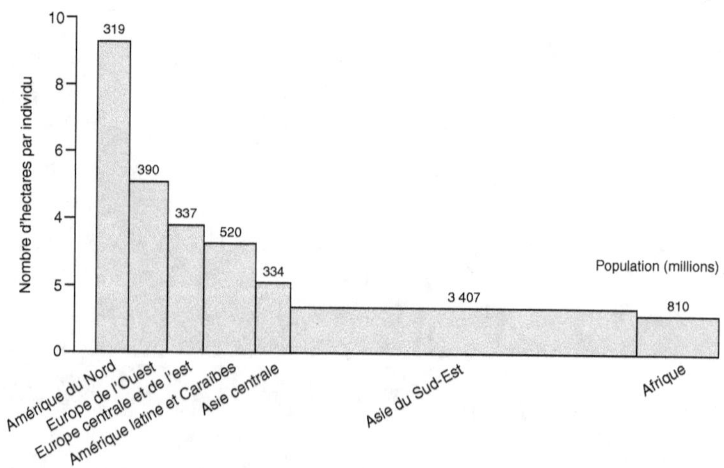

La crise de 2008, telle qu'elle a été présentée par les médias, s'est illustrée par une chute du PIB et des mouvements de réaction violente (figure 64 et 65). Les symptômes présentés ont été les sub-primes, l'effondrement des cours, l'évolution des PIB et des prévisions de croissance inquiétantes.

Il existe cependant d'autres facteurs déclenchant : la crise s'est déclenchée au plus haut des cours du pétrole, des produits alimentaires et des matières premières importées (figure 66). Compte tenu de l'estimation des ressources disponibles et de la prévision d'un pic pétrolier, toutes les conditions sont réunies pour que des anticipations rationnelles ne le soient plus du tout !

Cette crise est-elle économique et financière ? Pour de nombreux économistes, il s'agit plutôt de la première crise écologique majeure de l'humanité.

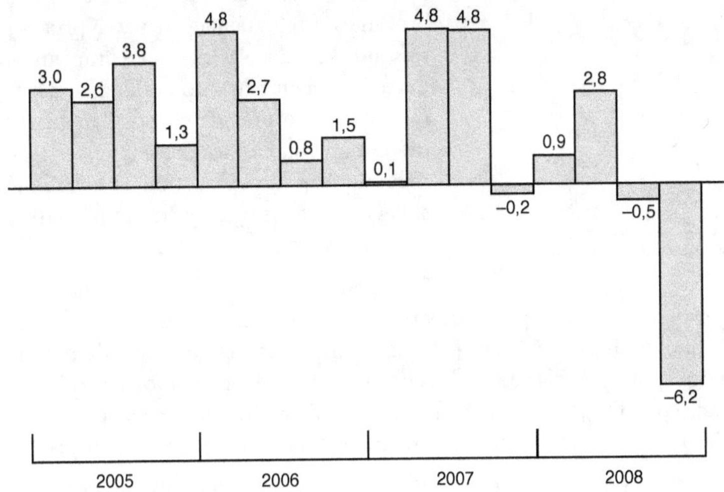

Figure 64
Évolution trimestrielle du PIB aux États-Unis de 2005 à 2008. Variation trimestrielle sur un an en %, volume-cvs.
Source : Ministère du Commerce (États-Unis)

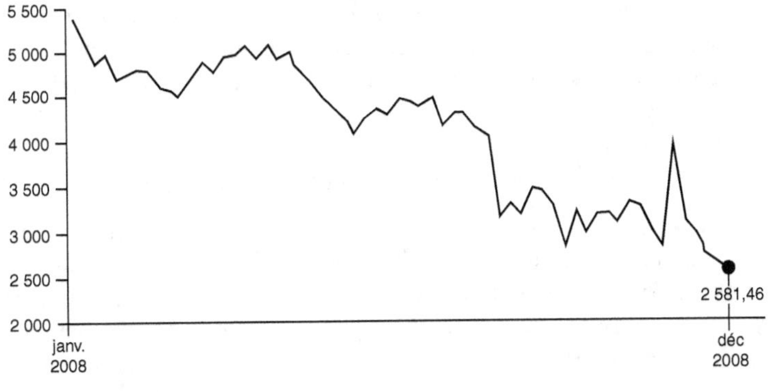

Figure 65
Évolution du CAC 40 pendant la crise de 2008.

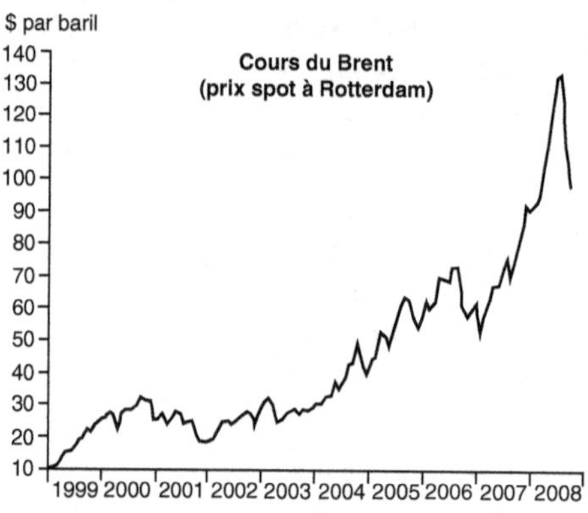

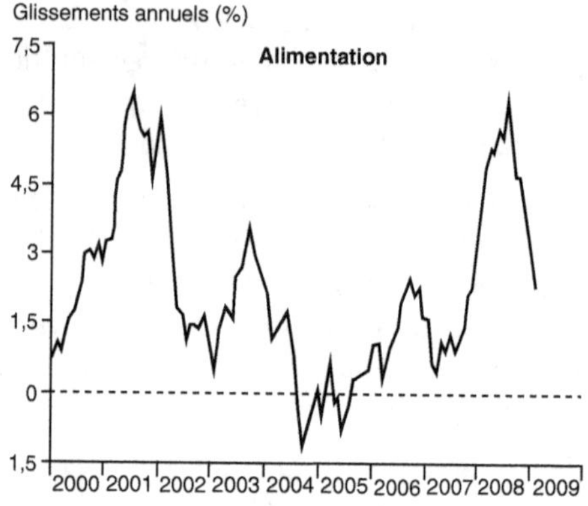

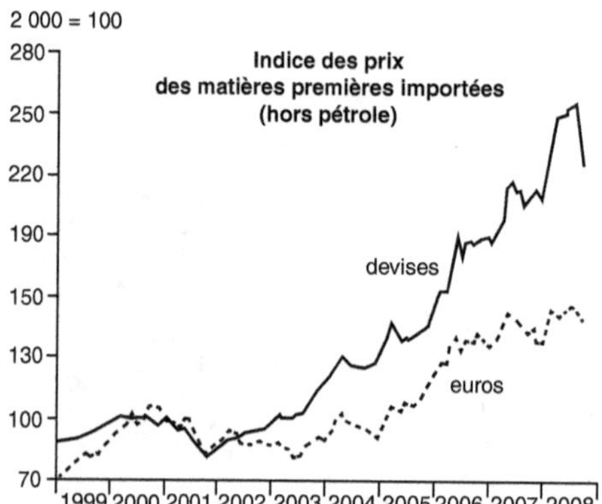

Figure 66
Évolution du cours
du pétrole, des
produits alimentaires
et des matières
premières.

Le concept de consommation de nature recouvre tout ce que l'on prélève dans les écosystèmes. Dans le monde actuel, les non humains ont une valeur zéro. Les choses non produites n'ont aucune valeur. Le prix des ressources renouvelables résulte simplement du coût de leur extraction et de leur acheminement. Le présent est très largement préféré au futur et les conséquences sont mécaniques : surexploitation, vulnérabilité et dégradation des écosystèmes ainsi, à mon avis, que des systèmes économiques.

Une confusion des valeurs s'ajoute à ces problèmes, avec le questionnement sur le prix de la biodiversité. Le prix d'une vie humaine, estimé régulièrement par l'Union européenne, ne correspond pas à la valeur de cette vie mais à sa contribution à la richesse collective. Or si l'on applique la même méthode très rigoureuse au Burkina Faso, on s'aperçoit que l'on obtient 42 Burkinabais pour un Européen.

Les valeurs, pour l'anthropologue comme pour l'économiste, sont constituées de ce qui ne se vend pas, ne se donne pas, ne s'échange pas, mais au mieux se partage. Les grands mouvements sociaux actuels expriment aussi, à mon sens, l'aspiration à un retour au partage et à l'accumulation. La confusion des enjeux semble bien être une autre caractéristique du monde actuel. S'agit-il d'assurer la croissance, soit la somme des valeurs ajoutées produites dans un pays ? Le PIB ne mesure rien d'autre. L'IDH intègre d'autres critères. Je ne vois nulle part la notion de partage dans ces évaluations, qui évoquent seulement la notion de répartition.

Dans le monde économique actuel, on ne peut créer de la richesse que par dégradation directe ou indirecte des écosystèmes. Il est en effet logique de ne pas économiser les facteurs de production gratuits et inversement. Ainsi, on observe des rejets massifs de poissons morts dans les pêcheries, ce qui est rationnel économiquement. Il faut donc trouver le moyen de

Une valeur des non-humains égale à ZÉRO génère...

Une situation généralisée d'accès libre, souvent créée par les politiques
publiques (comme pour la pêche).
Une valeur des ressources renouvelables limitée au coût de leur extraction.
Le présent est largement préféré au futur.
Des vies non-humaines qui n'ont pas de valeur pour les marchés.

Avec des conséquences telles que...

La dégradation des écosystèmes, une surexploitation, des pertes
d'interactions, une vulnérabilité.
Une confusion des valeurs.
    Quel est le prix de la biodiversité ?
    Le prix de la Joconde ne dit rien de sa valeur.
    Le « prix de la vie » ne dit rien de la valeur d'une vie humaine.
    Les valeurs sont constituées de ce qui ne se vend pas, ne se donne pas,
    mais au mieux se partage.

Et une confusion des enjeux comme ...

La croissance est réduite à une augmentation du produit intérieur brut.
La prospérité se mesure à partir de l'indice de développement humain,
selon quel partage ?

baser la création de richesse sur la conservation de l'écosystème et, si
possible l'amélioration du potentiel naturel. Pour cela, il faut créer des
incitations, ce qui revient à rendre coûteux les comportements qui nui-
sent à l'intérêt général. L'identification de ces comportements doit être
le fait d'un débat public démocratique. Les ressources générées vont être
utilisées pour encourager les comportements favorables à l'intérêt général.

Le *Millennium Ecosystem Assessment* avait, en mai 2005, défini quatre
formes de capital :
- le capital manufacturier (les infrastructures et l'outil de travail) ;
- le capital humain (le travail et les compétences) ;
- le capital social (les réseaux et relations) ;
- le capital naturel (les ressources des écosystèmes).

Il constatait que l'essentiel des charges pesait sur le travail et l'outil de
travail, et préconisait un renversement des charges vers la consommation de capital naturel. À court terme, il serait envisageable d'améliorer
l'information sur les coûts de maintenance des services écosystémiques.

J'insiste sur la notion de coût, qui est processuel, alors que le prix, lui,
est contingent. La mise à prix de la nature est en effet un avant-projet
de la cotation en bourse et de l'appropriation privée de cette nature. Le
prix n'est pas neutre. Il s'agira ensuite d'obtenir que soient intégrés ces
coûts dans les projets d'infrastructures. Enfin, concernant la biodiversité,
il s'agit de mettre en place le réseau scientifique mondial déjà décidé.
D'une manière générale, l'objectif est de taxer les consommations de
nature, de les rendre coûteuses. Il est envisageable de mettre en place une
taxe mondiale sur l'énergie, redistribuée dans le monde inversement à la

consommation d'énergie. Cela impliquerait de revoir l'organisation des organisations internationales. Concernant les ressources renouvelables, il faut taxer l'extraction ou mettre en place des marchés de droits.

L'ÉCONOMIE ET LES ÉCOSYSTÈMES

Organisation économique actuelle
Création de richesses par la dégradation des écosystèmes : organisation économique souhaitable.
Création de richesses par la conservation des écosystèmes et par l'amélioration du potentiel naturel.

Quelles incitations ?
Rendre coûteux les comportements jugés contraires à l'intérêt général.
Rendre profitables les comportements jugés conformes à l'intérêt général.

Qu'est-ce qu'une taxe écologique ?
Son objectif est d'orienter les comportements, les économies d'énergie par exemple, à pression fiscale inchangée.

Un exemple...
Taxation de la consommation d'énergie et diminution des charges sur les salaires à coût de production inchangé.

Une recommandation...
Suède, 1988 : « L'instauration d'une taxe écologique doit être précédée de la suppression d'une ou plusieurs taxes existantes, d'un rapport au moins équivalent ».

Sur le court terme, il faudrait assurer...
Une meilleure information sur les coûts de maintenance des services écologiques.
Une intégration du coût de maintenance des services écologiques dans les processus de décision.
Un réseau scientifique mondial au service de la décision publique et privée (plutôt qu'une duplication du GIEC).

Une taxation des consommations de nature veut dire...
Le remplacement des taxes sur le travail et l'outil de travail par des taxes sur les consommations de nature.

Une taxe sur l'énergie ajoutée ?
Concernant les ressources renouvelables : taxation de l'extraction directement ou via des marchés de droits, par exemple.

Sur le long terme, ne faut-il pas repenser les organisations internationales ?
Pour des règles communes au monde et des principes d'équité internationale vers une Organisation mondiale de l'environnement, OME, regroupant la Food Agriculture Organization (FAO), le Programme des Nations unies pour le développement (PNUD), le Programme des Nations unies pour l'environnement (PNUE) ? Ayant le mandat de mettre en œuvre les décisions de ses membres ?

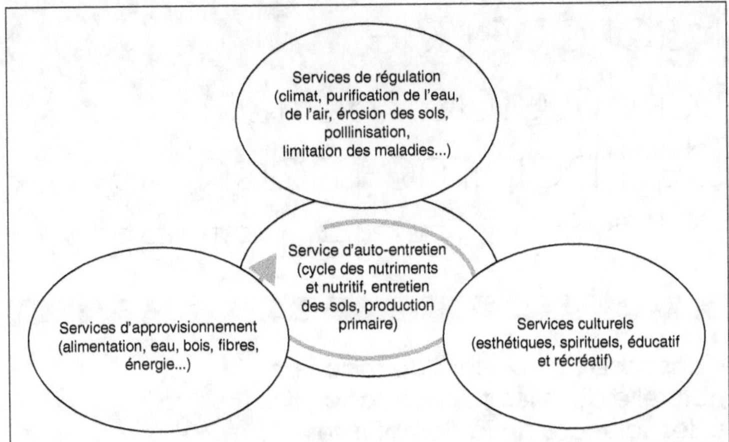

Figure 67
Importance des services écosystémiques sur les besoins et les activités humaines.

Réinsérer l'économie dans le monde vivant est un processus qui peut être rapide [1]. La prise de conscience et le changement dans la façon d'analyser les problèmes vont beaucoup plus vite dans le monde de l'entreprise que dans la sphère publique. Nous avons évalué ces cinq dernières années, avec une cinquantaine d'entreprises et des collectivités territoriales, la dépendance de leur activité au monde vivant. Les impacts sur les milieux naturels deviennent ainsi des coûts à diminuer si l'on veut accroître les profits.

Concernant le rôle de la technologie dans l'environnement, je laisserai le dernier mot à Théodore Monod qui disait « on ne fait plus les choses parce qu'elles seraient nécessaires ou utiles, mais parce que techniquement, on peut les faire ».

RÉFÉRENCES BIBLIOGRAPHIQUES

(1) Barbault R., Weber J., 2010. *La vie, quelle entreprise ! Pour une révolution écologique de l'économie.* Seuil.

Fabriquer de l'auto-organisation ? De l'homme-machine à l'homme-dieu et retour

Jean-Pierre Dupuy*

*Professeur de philosophie sociale et politique à l'École polytechnique, professeur à l'université Stanford, *Center for the study of language and Information*, Californie. Membre de l'Académie des technologies.

Naissance du concept de machine naturelle dans les sciences cognitives et les sciences de la complexité

En ce début du troisième millénaire, l'idée d'une physique du sens n'a rien d'incongru. Une série impressionnante de découvertes scientifiques et mathématiques faites tout au long de la seconde moitié du vingtième siècle auront complètement modifié l'idée que nous nous faisons de la dynamique, cette branche de la mécanique dite autrefois « rationnelle » qui s'intéresse aux évolutions ou trajectoires d'un système matériel soumis à des lois physiques purement causales. Il est aujourd'hui bien connu que les systèmes dits « complexes », constitués de nombreux éléments en interactions non linéaires, possèdent des propriétés dites émergentes remarquables, qui légitiment qu'on les décrive en utilisant des termes qu'on croyait bannis à tout jamais de la science issue de la révolution galiléo-newtonienne. On dit ainsi de ces systèmes qu'ils sont doués d'« autonomie », qu'ils « s'auto-organisent », que leurs trajectoires « tendent » vers des « attracteurs », qu'ils ont une « intentionalité » ou « directionnalité » – comme si leurs trajectoires étaient guidées par une fin qui leur donnait sens et direction alors même qu'elle n'est pas encore advenue ; comme si, pour emprunter les catégories aristotéliciennes, des causes purement efficientes étaient capables de produire des effets mimant les effets d'une cause finale.

Les concepts et les théories physico-mathématiques qui auront contribué à ce bouleversement sont légion et s'articulent les uns aux autres de manière extrêmement complexe. Citons en vrac : les catastrophes, les attracteurs et bifurcations de systèmes dynamiques non linéaires, les phénomènes critiques et les brisures de symétrie, l'auto-organisation et ses états critiques, la thermodynamique non linéaire et les structures dissipatives, la physique des systèmes désordonnés, le chaos déterministe, etc. Les modèles de cette nouvelle physique permettent de comprendre les mécanismes de la morphogénèse, c'est-à-dire l'émergence de structures qualitatives à un niveau macro qui s'organisent autour des « singularités » (c'est-à-dire des discontinuités qualitatives) des processus « micro » sous-jacents. Ces singularités structurent la façon dont les phénomènes physiques nous apparaissent. En les étudiant et en les classifiant, on peut espérer bâtir une théorie du sens. Comme le dit un recueil récent de travaux qui œuvrent dans cette direction, « on peut parfaitement appréhender le sens par une démarche physicaliste, à la condition toutefois de s'appuyer sur la macrophysique qualitative des systèmes complexes et non plus sur la microphysique des systèmes élémentaires » [12].

L'un des affrontements que j'ai mis en scène dans un livre *On the Origins of Cognitive Science. The Mechanization of the Mind* [5] est celui qui opposa Norbert Wiener et John von Neumann, le premier incarnant le thème du contrôle, de la maîtrise et du *design*, le second les thèmes de la complexité et de l'auto-organisation. La cybernétique ne réussit jamais à résoudre la tension, voire la contradiction, entre ces deux paradigmes. Elle ne donna jamais de réponse satisfaisante à ce qui constituait l'une de ses ambitions ou l'un de ses rêves, à savoir concevoir (*design*) et fabriquer une machine autonome. Fallait-il le tenter à propos de la cognition (le titre d'un célèbre ouvrage de Ross Ashby sera *Design for a Brain*) ou à propos de la vie (le terme d'*artificial life* n'arrivera que beaucoup plus tard) ? Là aussi, les tensions furent très vives entre John von Neumann, partisan de la vie, et le principal artisan des conférences Macy, leur « cerveau », le neuropsychiatre devenu logicien, Warren McCulloch, partisan de la cognition. Ce fut ce dernier qui l'emporta.

Cependant, allaient prendre la suite de cette première cybernétique deux courants, l'un dominant, le cognitivisme, se nourrissant, entre autres, des développements de l'informatique et de l'intelligence artificielle, le second dominé, lequel, sous le nom de cybernétique du second ordre, allait développer les théories des systèmes à auto-organisation, les théories de la complexité et bien d'autres branches et sous-branches. C'est par ce courant que je suis venu quant à moi aux sciences cognitives. C'est en effet ce courant qui a maximisé les interactions avec la philosophie sociale, économique et politique, l'œuvre de Friedrich Hayek jouant ici un rôle de pivot essentiel.

On peut donc dire que l'une des avancées conceptuelles les plus remarquables de la cybernétique et des disciplines qu'elle aura enfantées aura été la naissance et le développement de l'idée métaphysique de « machine naturelle ». La thèse que je voudrais présenter est que la dynamique présente de la technoscience se nourrit de la corruption et de la décomposition de cette idée. Les implications éthiques et politiques en sont considérables.

Auparavant, plusieurs précisions sont indispensables.

Le lecteur de Descartes peut soupçonner ici un anachronisme. Il n'a évidemment pas fallu attendre le vingtième siècle pour que l'on songe à traiter la nature et la vie comme des machines. Mais il faut absolument éviter une confusion. Il ne faut pas confondre deux choses : le fait de traiter la nature et la vie comme des machines artificielles, donc conçues par un artificier, un designer, d'une part ; et le fait de traiter la nature et la vie comme des machines naturelles, donc sans designer, mais avec finalité immanente propre aux dynamiques auto-organisatrices complexes.

Dans le premier cas, on reste dans le finalisme, ainsi que le soulignait Georges Canguilhem : On peut donc dire qu'en substituant le mécanisme à l'organisme, Descartes fait disparaître la téléologie de la vie ; mais il ne la fait disparaître qu'apparemment, parce qu'il la rassemble tout entière au point de départ. Il y a substitution d'une forme anatomique à une formation dynamique, mais comme cette forme est un produit technique, toute la téléologie possible est enfermée dans la technique de production. À la vérité, on ne peut pas, semble-t-il, opposer mécanisme et finalité, on ne peut pas opposer mécanisme et anthropomorphisme, car si le fonctionnement d'une machine s'explique par des relations de pure causalité, la construction d'une machine ne se comprend ni sans la finalité, ni sans l'homme. Une machine est faite par l'homme et pour l'homme, en vue de quelques fins à obtenir, sous forme d'effets à produire. »

Le défi de l'idée de machine naturelle est précisément de sortir une fois pour toutes du paradigme de la finalité extérieure à la machine, qui lui serait imposée.

J'ai qualifié cette idée de « métaphysique ». Il convient de préciser ce mot. Je l'utilise dans le sens que lui a donné l'épistémologue Karl Popper. Popper nous a appris qu'il n'y a pas de science ni de technologie qui ne repose sur un « programme métaphysique de recherche », ensemble de présuppositions sur la structure du monde qui ne sont ni testables ni « falsifiables » empiriquement, mais qui n'en jouent pas moins un rôle essentiel dans l'avancement de la science. C'est en ce sens que la notion de « machine naturelle » a joué et devrait jouer plus que jamais un rôle de programme métaphysique de recherche. Hélas, c'est sa corruption qui a pris le dessus. Sa corruption, c'est-à-dire sa métaphore, à savoir le concept de machine artificielle – car c'est la machine artificielle qui, dans cette histoire, est la métaphore de la machine naturelle et non l'inverse. C'est évident avec la métaphore centrale de la biologie moléculaire : le génome est comme un programme d'ordinateur. Mais un programme a forcément un concepteur ! Il est très difficile de penser le concept d'une machine sans concepteur. C'est pourtant ce que les concepts que j'ai discutés permettent de faire, mais, malheureusement, ceux-là mêmes qui ont contribué à les inventer sont les premiers à trahir leur intuition initiale, se rabattant sur cette forme de vitalisme ou de finalisme indirect qu'est le recours à l'image de la machine artificielle.

Art, technique et vie, le triangle d'or

Nature et technique : machines naturelles

Je voudrais introduire ici une distinction conceptuelle importante, faite très tôt par les théories néo-cybernétiques de l'auto-organisation, à propos du rôle du hasard dans la constitution d'un ordre complexe par émergence, sans recours à un artificier, un designer. C'est la distinction entre deux principes morphogénétiques, ordre à partir du bruit et complexité à partir du bruit[33]. Pour l'illustrer, je vais présenter deux expériences de pensée qui n'en appellent qu'à des mathématiques élémentaires.

La première expérience est en cours en permanence, réalisée par les visiteurs du Palais de la Découverte de Paris qui veulent bien s'y livrer, et ce depuis sa création en 1937. Il s'agit de lancer au hasard une aiguille sur une grille de lignes équidistantes. La longueur de l'aiguille est la moitié de la distance qui sépare deux lignes voisines. Deux cas sont possibles : l'aiguille coupe ou non l'une des lignes qui composent la grille. Un compteur calcule à tout moment la proportion des cas où il y a intersection. Au cours du temps, des millions de personnes se sont livrées à cette occupation innocente. La proportion en question a connu des oscillations progressivement amorties et elle s'est rapprochée de plus en plus d'une valeur connue aujourd'hui avec une précision de plusieurs milliers de décimales. Le début en est : 0,318309886183791... Il se trouve que cette valeur de convergence est l'inverse de π (pi), le rapport de la circonférence d'un cercle à son diamètre. C'est ainsi que l'on peut déterminer expérimentalement la valeur de π avec une précision aussi forte que l'on veut. La même expérience est reproduite dans plusieurs musées des sciences de la planète et, partout, c'est vers cette même valeur, l'inverse de π, que converge la proportion des cas d'intersection.

Cette expérience est connue sous le nom d'« aiguille de Buffon », du nom du célèbre naturaliste français qui fut aussi un éminent mathématicien[34]. Elle ne fait que concrétiser, certes de façon spectaculaire, la loi des grands nombres : la fréquence d'un événement aléatoire tend au cours du temps à se rapprocher de sa probabilité a priori. Buffon put démontrer de façon très élégante que la probabilité d'intersection est précisément égale à l'inverse de π. Le hasard (le « bruit ») ne fait que se mettre au service d'une nécessité préexistante. C'est là un cas d'ordre à partir du bruit.

La seconde expérience de pensée illustre le pouvoir morphogénétique de l'imitation. Sous le nom d'« urne de Polya[35] », elle est devenue la matrice d'une variété considérable de modèles scientifiques. Une urne contient une boule blanche et une boule noire. On tire une boule au hasard, on la remet dans l'urne et l'on ajoute à son contenu une boule de la même couleur. Le nombre de boules dans l'urne augmente donc d'une unité à chaque tirage. On s'intéresse à l'évolution de la proportion des boules blanches au cours du temps. Il est facile de simuler cette évolution au moyen d'un calculateur de poche muni d'un générateur de nombres au hasard. On réalise l'expérience et on observe avec étonnement que la dynamique

---

33. Ces expressions ont été forgées et utilisées par la tradition néo-cybernétique, en particulier par Heinz von Foerster, Henri Atlan et Francisco Varela. Sur cette tradition et son rapport à la première cybernétique et aux sciences cognitives en général, on pourra consulter la référence [5].

34. Cent ans avant Darwin, Buffon postula, dans son Histoire naturelle, l'existence d'un ancêtre commun au singe et à l'homme.

35. D'après le nom du professeur de mathématiques de Stanford, George Polya, qui fut entre autres, le maître de John von Neumann, comme lui d'origine hongroise.

de ce système très simple, mais comportant une mémoire, se comporte comme dans le cas de l'aiguille de Buffon : des oscillations s'amortissent et convergent bientôt vers une certaine valeur, que l'on obtient avec une précision aussi grande que l'on veut à condition de réaliser l'expérience assez longtemps. Cette valeur, ô surprise, est différente de ½. Pourquoi est-ce une surprise ? Les données de l'expérience sont parfaitement symétriques. D'où peut bien provenir la brisure de symétrie ? Aucune explication rationnelle ne semble capable d'en rendre compte.

Il est important de comprendre ce qui fait de ce modèle la formalisation la plus simple d'une dynamique mimétique. Chaque événement aléatoire – ici, le tirage d'une boule d'une certaine couleur – change les conditions du tirage suivant en modifiant les probabilités a priori, renforçant les chances de la couleur en question. C'est un processus d'auto-renforcement que l'on peut illustrer par l'apologue suivant. Deux distraits se rendent de conserve et d'un pas décidé au même endroit. Aucun des deux ne connaît en vérité l'endroit en question, mais chacun croit que l'autre le connaît. Chacun suit donc le chemin tracé par son compagnon. Il en résulte une trajectoire dotée d'une certaine stabilité, certes toute relative car tôt ou tard les marcheurs se rendront compte de leur méprise mutuelle.

Revenons à l'urne de Polya. De fait, une différence essentielle sépare ce cas de celui de l'aiguille de Buffon. Chaque fois que l'on refait l'expérience, une valeur émerge, certes, mais elle est différente à chaque fois. Elle est intimement liée à l'expérience singulière. La dynamique semble converger vers une valeur préexistante, être guidée par elle, mais la valeur en question est le produit causal de l'expérience elle-même. Si l'on reste confiné à l'expérience singulière, il est impossible de différencier la dynamique mimétique de celle qui caractérise l'aiguille de Buffon : il y a convergence vers une valeur. Du point de vue extérieur cependant – qu'on ne peut atteindre qu'en se projetant hors de l'expérience singulière pour la voir comme la réalisation d'une possibilité parmi une infinité d'autres possibles - alors la divergence apparaît comme maximale. La distribution des probabilités a priori des valeurs de convergence est en effet uniforme sur $(0, 1)$. Nous sommes dans le cas de la complexité à partir du bruit. Le hasard fait émerger un type de nécessité qui n'est tel que pour un regard a posteriori.

La relation entre la dynamique mimétique et son comportement asymptotique (c'est-à-dire lorsque le temps tend vers l'infini) prend la forme d'une boucle entre le niveau du comportement émergent (qu'on appelle un attracteur) et le niveau de la dynamique elle-même, selon la figure 68 :

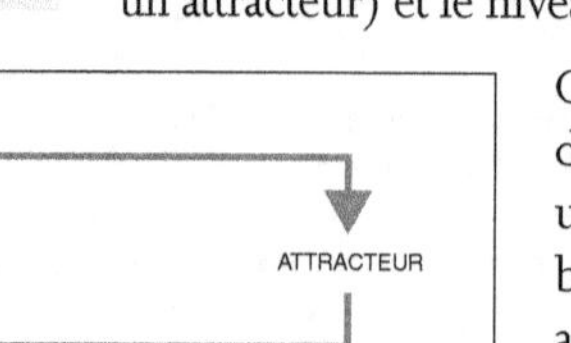

Figure 68
Complexité à partir du bruit : la dynamique converge vers un attracteur qu'elle engendre elle-même. L'évolution est dite « dépendante par rapport au chemin » (path-dependent).

On comprend sur cet exemple simple (mais capable d'engendrer le complexe) que l'opposition entre un schéma vital pour ne pas dire vitaliste, de type bergsonien, où les possibles se déploient en des arborescences de plus en plus buissonnantes, et un modèle « finaliste » de convergence vers un point oméga - cette opposition n'a pas de fondement; ou plutôt, qu'elle se ramène à une question de point de vue. Pour celui qui peut s'extraire de la ligne d'univers qui est la nôtre, notre univers apparaît comme un parmi bien d'autres possibles; mais pour nous qui sommes irrémédiablement plongés dedans, la convergence est indéniable.

Une théorie de l'évolution, qu'il s'agisse de l'évolution biologique ou de l'évolution culturelle, qui se structure autour d'un principe d'ordre à partir du bruit est incapable de rendre compte de la diversité du monde. Les dynamiques qu'elle engendre tendent toutes vers des attracteurs préexistants. Le néo-darwinisme en biologie ou, pire, dans les sciences sociales, lorsqu'il se réfère à la notion de « survie du plus adapté », tombe sous le coup de cette critique. Darwin lui-même perçut le danger. Dès la première édition de L'*Origine des espèces*, il mit en garde contre l'idée que la sélection naturelle pouvait être le seul facteur de l'évolution. Il écrivit : « Je suis persuadé que la sélection, si elle a constitué le principal moyen de l'évolution, n'en a pas eu l'exclusivité. » Dans la préface à la sixième édition, il se crut obligé de marteler ce point, pour ajouter, désabusé : « Cela n'a servi à rien [que j'insiste sur ce point]. Le pouvoir des fausses représentations est incommensurable. »

Afin d'échapper à cette impasse, nous savons aujourd'hui qu'il est nécessaire que quelque chose comme le principe de complexité à partir du bruit soit actif.

Art et nature : critique du jugement téléologique

La stratégie que développe Kant dans la seconde partie de sa troisième *Critique*, intitulée *Critique du jugement téléologique* trouve dans l'expression de « mécanismes téléologiques » utilisée par les premiers cybernéticiens un condensé frappant. Les seules explications acceptables sont celles qui, en dernière instance, font appel à des mécanismes causaux. Toutefois, face aux manifestations les plus étonnantes de la complexité de la nature (la vie pour Kant ; l'esprit pour les cybernéticiens), il est inévitable de recourir à une autre « maxime de jugement », le « jugement téléologique ». Des concepts comme ceux de « finalité interne » sont indispensables, et parfaitement légitimes, à condition de se souvenir qu'ils n'ont qu'une pertinence heuristique ou descriptive. Le jugement téléologique consiste à faire comme si ils avaient une valeur objective. Le rôle que joue, dès l'origine cybernétique, la simulation dans l'histoire des sciences cognitives, est, en partie, un reflet de cette stratégie du « faire semblant ».

Ce n'est évidemment pas par hasard que la troisième critique kantienne unit deux parties qui pourraient sembler sans rapport à un esprit non averti : une théorie de l'« auto-organisation » de la nature avant la lettre et une critique du jugement esthétique. C'est dans la théorie du processus artistique du philosophe italien Luigi Pareyson [11] que le rapport est le plus visible. C'est seulement en faisant que le créateur découvre ce qu'il veut faire. Une fois l'œuvre achevée, on sait qu'elle ne pouvait être autre.

Imprévisible avant, elle apparaît nécessaire après. Ce n'est ni le hasard ni un plan préexistant qui règne. L'invention et l'exécution sont simultanées. L'œuvre découvre sa propre loi en se façonnant. Subissant une contrainte dont il est l'auteur, l'artiste se trouve donc à la fois totalement libre et totalement soumis : étrange dialectique où la forme est à la fois formée et formante. Décrivant la composition de *La Jeune Parque*, Valéry parlait de la « croissance naturelle d'une fleur artificielle. »

Les métaphores dangereuses : de la machine vivante à la vie artificielle

J'ai depuis dix ans beaucoup investi dans la réflexion sur les fondements philosophiques de ce qu'on appelle la « convergence NBIC », c'est-à-dire la convergence des nanotechnologies, des biotechnologies, des technologies de l'information et des sciences cognitives, et sur ses implications éthiques. J'y ai retrouvé l'essentiel des tensions, des contradictions, des paradoxes et des confusions que j'avais décelés au sein de la cybernétique puis des sciences cognitives [5-9]. Mais c'est cette fois beaucoup plus grave, car il ne s'agit plus seulement de théorie, de vision du monde, mais d'un programme d'action sur la nature et sur l'homme.

Je me suis interrogé sur la métaphysique sous-jacente à ce programme. Je n'ai pas eu à chercher bien loin. La réponse se trouvait dans l'un des premiers rapports de la *National Science Foundation* consacré au sujet, et intitulé *Converging technologies for human performance*. On y lit, sous la forme d'un petit poème :
- si les cognitivistes peuvent le concevoir ;
- les spécialistes des nanos peuvent le réaliser ;
- les biologistes peuvent l'implémenter ;
- et les informaticiens le contrôler [13].

Dans cette division du travail, les sciences cognitives jouent le rôle de leader, celui du penseur, ce qui n'est pas négligeable !

Ainsi, la métaphysique de la convergence NBIC se révèle être le projet philosophique des sciences cognitives. Nul étonnement donc à ce que les contradictions de celui-ci se retrouvent au cœur de celle-là.

Il s'agit pour les « technologies convergentes » de prendre la relève de la nature et de la vie et de devenir les ingénieurs de l'évolution, les designers des processus biologiques et naturels. Le point de départ est la constatation que l'évolution biologique a jusqu'à présent procédé par bricolage, en sabotant plus ou moins le travail. Voici un exemple typique du genre de dérapage que l'on observe dans les paroles de scientifiques qu'on ne soupçonnerait pour rien au monde de sacrilège lèse-Darwin.

Confrontons une philosophie déiste et un savant évolutionniste d'aujourd'hui.

Observant les complexités de la nature et de la vie, les philosophes théistes en inféraient l'existence de Dieu au moyen de l'argument douteux du dessein (*design*). Ainsi David Hume, dans ses *Dialogues sur la religion naturelle* (1776), met-il dans la bouche de Cléanthe les propos suivants :

« Jetez les yeux autour du monde, regardez-le dans son ensemble et dans ses parties : vous trouverez qu'il n'est qu'une grande machine divisée en un nombre infini de moindres machines, qui se subdivisent encore à un degré que les sens et l'intelligence de l'homme ne peuvent ni tracer ni expliquer. Toutes les machines diverses, et même leurs parties les plus déliées sont adaptées les unes aux autres avec une exactitude qui ravit en admiration tous les hommes qui les ont contemplées. La manière curieuse dont les moyens s'adaptent aux fins, dans toute l'étendue de la nature, ressemble exactement, quoiqu'elle les surpasse de beaucoup, aux ouvrages sortis de la main des hommes, aux résultats de leurs desseins, de leur pensée, de leur sagesse et de leur intelligence. Puisque les effets se ressemblent l'un à l'autre, nous avons droit d'inférer, par les lois de l'analogie, que les causes se ressemblent aussi, et que l'auteur de la nature est en quelque façon semblable à l'homme, quoiqu'il soit doué d'attributs bien plus relevés à proportion de la grandeur de l'ouvrage dont Il est l'auteur. Par cet argument a posteriori et par cet argument seul, nous prouvons en même temps l'existence de Dieu et sa ressemblance avec l'esprit et l'intelligence de l'homme. »

La meilleure preuve que le paradigme du design a gagné la partie nous est donnée, paradoxalement, par la manière dont le scientifique évolutionniste d'aujourd'hui, confronté aux mêmes complexités, renverse l'argument du dessein en concluant qu'il y a, dans la nature, trop de choses qui n'auraient aucun sens si elles résultaient de l'exécution d'un plan. Si un grand architecte était responsable de l'état de la nature et de la vie, il faudrait sans hésiter le renvoyer à sa planche à dessin. Mais nous sommes ici sur une pente savonneuse. Le modèle du design est si prégnant – et les concepts de machine naturelle, finalité immanente, auto-organisation si difficiles à saisir – que la métaphore de la machine artificielle reprend inévitablement le dessus. Au lieu d'inférer des «imperfections» de la nature – ou plutôt de ce qu'une science inféodée à la technique tient pour telles – que celle-ci ne résulte d'aucun dessein ou conception, on dira que la conception est mauvaise. Une conversation entre le journaliste vedette Michael Krasny, MK, et le biologiste évolutionniste Neil Shubin, NS, saisie sur les ondes de la radio publique nationale américaine en janvier 2008, illustre cela à merveille. Neil Shubin venait de publier un livre fascinant, *Your Inner Fish : a journey into the 3-5 Billion-year History of the Human*[36], dans lequel il rapporte certaines bizarreries de l'anatomie humaine à la rémanence en nous de nos ancêtres marins :

— NS : Nous n'avons pas été conçus très intelligemment. Nous avons été conçus historiquement. […] Quand vous examinez le corps humain, vous

---

36. Traduction J.-P. Dupuy.

trouvez des détours bizarres, des boucles, des tours et retours qui n'ont aucun sens. Personne sain d'esprit n'aurait conçu un corps de cette façon.
— MK : Vous voulez dire que Dieu n'était pas sain d'esprit ?
— NS : Les poissons, eux, étaient parfaitement sains d'esprit. […] Le cordon spermatique chez le mâle humain fait une boucle bizarre autour du pelvis : c'est vraiment de la mauvaise conception ! *[A really bad design !]*

L'étape suivante consiste évidemment à se demander si l'esprit humain ne pourrait pas prendre le relais de la nature pour accomplir plus efficacement et intelligemment son œuvre créatrice. Le visionnaire Damien Broderick [3], grand promoteur des nanotechnologies, demande : « Ne peut-on penser que des nanosystèmes, conçus par l'esprit humain, court-circuiteront toute cette errance darwinienne pour se précipiter tout droit vers le succès du design ? » Dans une perspective d'études culturelles comparées, il est fascinant de voir la science américaine, qui doit se battre de haute lutte pour chasser de l'enseignement public toute trace de créationnisme, y compris dans ses avatars les plus récents, comme l'intelligent design, retrouver par le biais du programme nanotechnologique la problématique du *design*, avec simplement désormais l'homme dans le rôle du démiurge.

Il y a ici un tour de passe-passe extraordinaire. On a remplacé, dans les représentations de la nature et de la vie, la machine naturelle par la machine artificielle. La tentation est alors de se demander: pourquoi nous, les hommes, qui par « nature » fabriquons des machines artificielles, ne ferions nous pas mieux que la nature et ses propres machines artificielles ?

La chose essentielle ici n'est pas tant la rivalité mimétique entre l'homme et la nature – on admire tout le mépris contenu dans l'expression « errance darwinienne » : François Jacob parlait, lui, de bricolage – que l'importance de l'enjeu : il s'agit, entre l'homme et la nature, d'être le meilleur concepteur ! Mais toutes les critiques que la science adresse au paradigme du «dessein intelligent», critiques qui ont précisément conduit aux concepts de l'auto-organisation et de la machine naturelle, s'appliquent évidemment avec encore plus d'à propos au dessein humain. Il y a beaucoup trop d'information, c'est-à-dire de complexité, dans les organisations que nous présente la nature, pour qu'un esprit, fût-il celui de Dieu – le Dieu de la théologie naturelle – ait pu les concevoir. L'humanité s'évertue donc à réaliser un exploit dont elle juge que Dieu lui-même est incapable. De son orgueil peuvent sortir des monstres qui nous dévoreront.

Fabriquer de la vie, le paradoxe suprême

L'ambition suprême des promoteurs de la convergence NBIC n'est pas de diriger le domaine de la cognition, de la conscience et de l'esprit. Je crois même possible de dire que ce n'est pas de créer un homme nouveau, un être en transition vers une post-humanité. Car, après tout, on peut dire que l'humanité a toujours visé, sinon fait cela. Non, l'ambition ultime, c'est de fabriquer de la vie ex nihilo. Nous sommes peut-être très proches de ce moment qui, à n'en pas douter, constituerait une étape cruciale dans l'évolution biologique. Que peut-on en penser au regard de l'éthique et de la métaphysique ?

Il existe un argument philosophique *a priori* selon lequel, même si l'homme réussit à fabriquer de la vie, cette vie artificielle ne sera pas de la vie. On le trouve dans l'œuvre de Georges Canguilhem citant Paul Valéry :

> « Artificiel veut dire qui tend à un but défini. Et s'oppose par là à vivant. Artificiel ou humain ou anthropomorphe se distinguent de ce qui est seulement vivant ou vital. Tout ce qui parvient à apparaître sous forme d'un but net et fini devient artificiel et c'est la tendance de la conscience croissante. C'est aussi le travail de l'homme quand il est appliqué à imiter le plus exactement possible un objet ou un phénomène spontané. La pensée consciente d'elle-même se fait d'elle-même un système artificiel. Si la vie avait un but, elle ne serait plus la vie »[37].

La « vie pour » (par exemple, pour satisfaire des besoins humains en la faisant produire des protéines que la biosphère actuelle n'a pas engendrées) n'est pas la vie, et une dimension du rêve nanobiotechnologique le perçoit bien. Cette dimension consiste à vouloir que l'être que l'on crée échappe à notre maîtrise, de la même manière que la vie échappe à ses conditions d'émergence. Il en résulte que l'ingénieur de demain ne sera pas un apprenti sorcier par négligence ou incompétence, mais par dessein (*design*). Le vrai *design*, aujourd'hui, n'est pas la maîtrise, mais son contraire.

Un visionnaire influent, Kevin Kelly, a eu ce mot, qui résume l'affaire admirablement: « Il nous a fallu longtemps pour comprendre que la puissance d'une technique était proportionnelle à son incontrôlabilité [out-of-controlness] intrinsèque, à sa capacité à nous surprendre en engendrant du radicalement nouveau. En vérité, si nous n'éprouvons pas d'inquiétude devant une technique, c'est qu'elle n'est pas assez révolutionnaire ».[10].

Il semble donc que Heidegger avait tout faux : le comble de la métaphysique occidentale n'est pas l'accomplissement du rêve cartésien (« se rendre comme maître et possesseur de la nature ») dans la technoscience ; ce n'est pas la maîtrise, mais le déclenchement de processus complexes qui échappent à notre maîtrise. Depuis 2007, l'entreprise qui se donne pour ambition de making *life from scratch* (fabriquer de la vie ex nihilo) est désormais une discipline scientifique établie, au nom assez inoffensif : biologie synthétique. Les principaux chercheurs mondiaux du domaine se sont réunis en juin de l'année en question à l'université du Groenland pour lancer un appel au monde. C'était pour annoncer la « convergence de la biologie synthétique et des nanotechnologies » à l'occasion d'un colloque faisant le point sur les avancées les plus récentes dans la fabrication de cellules artificielles. Leur appel ressemble à celui qui fut lancé en 1975,

---

37. Paul Valéry, Cahier B, 1910 ; cité par Georges Canguilhem, « Machine et organisme » (1946-1947) ; repris in La connaissance de la vie, Vrin, 2006, p. 150 [4]

à Asilomar, sur la côte californienne, par les pionniers des biotechnologies. Comme ces derniers, les pionniers de la biologie synthétique insistent à la fois sur le caractère prodigieux des exploits qu'ils vont accomplir et sur les dangers qui pourront en découler. Ils invitent la société à se tenir prête et ils se donnent à eux-mêmes des règles de bonne conduite[38]. On sait ce qu'il advint de la charte concoctée à Asilomar. Quelques années plus tard, cette tentative d'autorégulation de la science par elle-même volait en éclats. La dynamique technologique et l'avidité du marché ne pouvaient souffrir aucune limitation.

For the first time, God has competition [Pour la première fois, Dieu a un rival]. C'est ainsi que le groupe ETC, un lobby environnementaliste basé à Ottawa, qui, après un combat assez victorieux contre les OGM végétaux, s'est spécialisé dans la lutte anti-nanotechnologies, a salué, pour mieux la critiquer, l'annonce d'un exploit technique par l'équipe américaine du *J. Craig Venter Institute*, dans le Maryland. En fait, cette annonce a été mal interprétée par le groupe ETC[39]. Mais, à en croire l'appel du Groenland, l'exploit présumé sera vraisemblablement accompli dans les prochaines années. Il s'agit de synthétiser en laboratoire un organisme doté d'un génome artificiel. On sait de mieux en mieux aujourd'hui fabriquer de l'ADN et le moment où l'on pourra, grâce à de l'ADN artificiel, créer une cellule artificielle est proche.

Mais la question se pose : s'agit-il vraiment ici de création de la vie ? Pour dire cela, il faudrait supposer qu'entre la non-vie et la vie, il y a une distinction absolue, un seuil critique : celui qui le franchirait se trouverait briser un tabou, à l'instar du prophète Jérémie ou du rabbin Löw de Prague dans la tradition juive, lorsqu'ils se risquent à créer un homme artificiel, un golem. Or certains thuriféraires de la science nous avertissent que ce qu'il y a de plus intéressant dans la biologie synthétique, c'est qu'elle démontre qu'il n'existe aucun seuil de ce type. Parmi eux, on trouve l'écrivain scientifique de *Nature*, Philip Ball [4]. Entre la « poussière de la terre » et l'homme fini, il n'y a aucune brisure de continuité qui pourrait faire dire que Dieu y a « insufflé une âme de vie » (pour reprendre les termes de Genèse 2,7). Les mêmes auteurs ajoutent que, la biologie synthétique devrait-elle se révéler incapable de fabriquer une cellule artificielle, il lui resterait le mérite d'avoir privé la notion préscientifique de vie de toute consistance.

Dans la logique très particulière qui est celle des rêves, c'est ici que les nanotechnologies jouent un rôle symbolique important. On les définit souvent par l'échelle des phénomènes sur lesquels elles entendent exercer

---

38. The Ilulissat Statement, Kavli Futures Symposium. *The merging of bio and nano : towards cyborg cells* 11-15 juin 2007, Ilulissat, Groënland.

39. L'équipe de Carole Lartigue a « simplement » transféré le génome d'une bactérie, Mycoplasma mycoides, dans une autre, Mycoplasma capricolum, et montré que les cellules de cette dernière pouvaient fonctionner avec le nouveau génome, réalisant ainsi la conversion d'une espèce dans une autre.

leur contrôle. Or cette échelle est caractérisée de façon très vague, puisqu'elle va du dixième de nanomètre[40] au dixième de micron. Mais dans toute cette gamme d'échelles un trait commun subsiste : une distinction aussi essentielle que celle qui sépare la vie de la non-vie perd tout sens. Il est privé de sens de dire que la molécule d'ADN est vivante. Il y a donc une grande cohérence dans le rêve, à savoir son insistance à se situer dans l'indistinction. Dans la nuit des songes, aucune différence ne sépare un chat vivant d'un chat mort.

Ainsi, une fois de plus, la science oscille entre deux attitudes opposées : d'un côté, un orgueil démesuré, une gloriole parfois indécente ; de l'autre, lorsqu'il s'agit de faire taire les critiques, une humilité apparente qui consiste à nier que l'on ait fait quelque chose d'extraordinaire, quelque chose qui échappe au « *business as usual* » de la science normale.

Or cette fausse humilité me préoccupe. Car elle constitue en vérité le sommet de l'orgueil. Je suis plus à l'aise avec une science qui se prétend l'égale de Dieu qu'avec une science qui prive de toute substance l'une des distinctions les plus essentielles à l'humanité depuis qu'elle existe : la distinction entre la vie et ce qui n'est pas elle, ou, pour appeler les choses par leur nom, la distinction entre la vie et la mort.

Pour me faire comprendre, je n'hésite pas à recourir à une analogie qui pourrait se révéler plus profonde qu'il n'y paraît. Avec le terrorisme des attaques suicides, la violence à l'échelle mondiale a pris un tour radicalement nouveau. Le persécuteur traditionnel exprimait à sa manière la priorité de la vie puisqu'il tuait pour affirmer et faire valoir sa forme de vie. Mais lorsque le persécuteur endosse les habits de la victime et se tue pour maximiser le nombre de tués autour de lui, toute distinction est perdue, toute dissuasion rendue impossible, tout contrôle de la violence promis à l'impuissance. À son tour, la science semble prête à nier cette différence première qu'est la vie. Si elle devait continuer sur ce chemin, elle se montrerait coupable d'une grande violence.

Parmi les promesses les plus extrêmes des nanotechnologies, on trouve l'immortalité. Si on considère qu'il n'y a pas de différence entre la vie et la mort, cette promesse n'a au fond rien d'extraordinaire. Hannah Arendt a très profondément anticipé ce que serait ce marché du diable en écrivant ceci :

> « Le plus grand et le plus atroce danger pour la pensée de l'homme consisterait en ce que ce qu'on a un jour pensé soit annulé par la découverte d'un fait quelconque qui était jusqu'à présent demeuré inconnu ; par exemple, il se pourrait qu'on parvienne un jour à faire en sorte que les hommes soient immortels, et tout ce qu'on a pensé concernant la mort et sa profondeur deviendrait alors tout simplement risible. Il serait possible de dire que ce prix est trop élevé en contrepartie de la suppression de la mort » [1].

---

40. Le nanomètre est le milliardième de mètre.

RÉFÉRENCES BIBLIOGRAPHIQUES

(1) Arendt H., 2005. *Journal de pensée.* 1950-1973. Seuil.

(2) Ball P., 2007. Meanings of 'life' Synthetic biology provides a welcome antidote to chronic vitalism. Editorial, *Nature* 447 : 1031-1032.

(3) Broderick D., 2001. *The Spike: How Our Lives Are Being Transformed by Rapidly Advancing Technologies.* Forge New York, p. 118.

(4) Canguilhem G., 2006. Machine et organisme. (1946-1947). In : *La connaissance de la vie.* Vrin, p. 143-146.

(5) Dupuy J.-P., 2000. *On the Origins of Cognitive Science. The Mechanization of the Mind.* Princeton University Press.

(6) Dupuy J.-P., Grinbaum A., 2004. Living With Uncertainty: Toward a Normative Assessment of Nanotechnology. *Techné,* joint issue with Hyle, 8 : 4-25.

(7) Dupuy J.-P., 2007. Some Pitfalls in the Philosophical Foundations of Nanoethics. *J Med Philosophy* 32 : 237-261.

(8) Dupuy J.-P., 2007. Complexity and Uncertainty. A Prudential Approach to Nanotechnology. In : John Weckert *et al.* eds. *Nanoethics: Examining the Societal Impact of Nanotechnology.* Hoboken, NJ, John Wiley & Sons.

(9) Dupuy J.-P., 2008. The double language of science, and why it is so difficult to have a proper public debate about the nanotechnology program. In : Fritz Allhoff, Patrick Lin eds. *Nanoethics : Emerging Debates.* Dordrecht, Springer.

(10) Kelly K., 2006. Will Spiritual Robots Replace Humanity by 2100? In : *The Technium, a book in progress,* http://www.kk.org/thetechnium/

(11) Pareyson L., 1992. *Conversations sur l'esthétique.* Gallimard, Paris.

(12) Petitot J., Varela F., Pachoud B, Roy J.-M., 1999. *Naturalizing phenomenology. Issues in contemporary phenomenology and cognitive science.* Stanford University Press.

(13) Roco M.C., Bainbridge W.S., 2002. *Converging Technologies for Improving Human Performance. Nanotechnology, Biotechnology, Information Technology and Cognitive Science.*Washington, National Science Foundation.

FRAGMENTS DE DÉBATS AVEC JACQUES DELORS

Question — Que pensez-vous de l'engagement des scientifiques dans la politique ?

Jacques Delors

Si un homme de sciences décide de s'engager en politique, il change simplement de genre, de la même manière que le ferait un cheminot. Il prend alors l'éthique de la profession. L'homme de sciences en tant que tel a cependant une plus grande influence sur l'homme politique qu'il y a 20 ans, d'où la multiplication des comités et commissions. Ce nouveau statut de la science s'explique peut-être par le recul des croyances religieuses. Il est important de rétablir la curiosité scientifique des hommes politiques, de lutter pour cela contre l'instantanéité et ce besoin de paraître constamment dans les médias.

Question — Ne pensez-vous pas qu'un obstacle principal à la prise en compte politique de ces problèmes est le temps dont vous parliez ? Par ailleurs, on observe un retour au local face à la mondialisation. Celui-ci peut être négatif, s'il signifie repli sur soi, mais il peut être aussi une des voies pour répondre aux problèmes de déséquilibre ou de désadaptation à l'environnement.

Jacques Delors

Le manque de temps n'est pas une excuse. Concernant le retour vers le local, il est certain qu'il a également un certain nombre d'avantages. Mais pour qu'un tel retour à la nature soit favorable, il ne faut pas que le monde rural soit seulement constitué de résidences secondaires.

Jean-François Toussaint

Un élément, concernant l'opposition entre local et global, concerne aussi nos limites d'adaptation. On observe en effet une extrême expansion de nos connaissances, y compris sur les régulations et le « fonctionnement » des organisations humaines, incluant le politique. Et dans le même temps, notre champ d'intervention s'est considérablement rétréci, limitant finalement notre pouvoir de changer les choses. Ce paradoxe est-il encore la marque d'une accélération de l'évolution ?

Jacques Delors

Depuis le début de l'époque moderne, nous ne pouvons compter sur un changement que si l'éducation est assurée, si l'on relativise les médias et si la pédagogie est réhabilitée par les hommes politiques, à la manière de Churchill ou de Mendes-France, en faisant appel à l'intelligence des populations.

Jacques Weber

Les sciences sociales ont aujourd'hui les moyens de l'expérimentation, à partir de l'expérience. Par ailleurs, je ne crois pas que l'on puisse changer des comportements par la morale. Ceux qui peuvent changer le monde, les décideurs, les entrepreneurs, répondent à des incitations. Je suis pour essayer de faire vivre la devise de Léonard de Vinci : « Rigueur obstinée » y compris dans le champ politique.

FRAGMENTS DE DÉBATS AVEC JACQUES DELORS

Jacques Delors

Les sciences exactes font une découverte et peuvent créer à partir d'elle des éléments artificiels tandis que les sciences sociales peuvent faire des observations. Je me place du point de vue de la méthode, qui est différente. Pour le reste, je pense qu'il faut dans votre conception un guide ou des lois.

Pascal Picq

Un sondage réalisé dans différents pays occidentaux pose la question suivante : à qui faites-vous confiance pour évoquer les enjeux et problèmes de la société actuelle ? Les scientifiques sont les premiers cités. Ils arrivent notamment en tête sur les thèmes de l'évolution, du réchauffement climatique et de la biodiversité. Il existe donc un décalage entre les discours médiatique et politique et la confiance faite aux personnes qui évoquent ces difficultés.

Jacques Delors

La politique est un genre particulier. Jean-François Minster a fait une démonstration brillante, chiffres à l'appui, de la durée nécessaire au changement. Mais ceux qui ont fait le Grenelle de l'environnement ne souhaitent pas le savoir. Les politiques doivent réapprendre le sens du travail à long terme.

Jean-Pierre Dupuy

Ma question s'adresse à Jean-François Minster, que j'invite à relire un ouvrage d'Ivan Illich, Energie et équité. Ne manque-t-il pas dans votre exposé une boucle entre son début et sa fin ? S'il existe une solution, la principale serait de jouer sur l'efficacité énergétique. Vous n'avez cité que des exemples techniques, or il y a beaucoup à faire sur l'organisation de nos activités et des villes. Si l'on arrivait à changer cela, la croissance de la demande énergétique ne serait pas celle que vous décrivez.

Jean-François Minster

Je ne l'ai pas oubliée. Les briques techniques et réglementaires accompagnent les changements sociaux dont vous parlez. En tant qu'entreprise, nous partons du marché. Les choix d'organisation et de consommation dépendant d'abord des pays. Ce que vous dites n'est pertinent que si on le regarde du point de vue de tous les pays. Il existe un enjeu éthique d'accès à l'énergie. Dans les pays pauvres, cet accès ne se fera pas avec nos technologies ; il viendra donc nécessairement des comportements et des organisations. Une économie adaptée à ces besoins doit être inventée.

Sylvaine Turk-Chièze

Nous entendons souvent au CEA des discours sur l'énergie. Selon les orateurs, les discours changent et les extrapolations diffèrent grandement.

Jean-François Minster

Il existe en effet, et heureusement, différents points de vue sur l'énergie. L'inertie du système est cependant vraiment lourde et l'expression des différents points de vue doit encourager le politique à choisir la voie dans laquelle s'engage le pays dont il est responsable.

Albert Fert

Certains domaines de recherche scientifique sont en liaison directe avec ce problème d'énergie évoqué ce matin. Je me suis souvent demandé si mon propre domaine, qui a des retombées en électronique sur les technologies de l'ordinateur, pouvait apporter lui aussi sa pierre à cet effort de réduction de la consommation d'énergie. Je constate aujourd'hui que toutes les disciplines sont interdépendantes. L'informatisation de la distribution de courant électrique permettra par exemple de l'optimiser et d'augmenter la part d'énergie d'origine hydraulique ou solaire. De manière moins évidente, de nouveaux composants d'ordinateurs vont permettre de réduire considérablement l'énergie qu'ils consomment, ce qui n'est pas négligeable rapporté à la consommation totale d'énergie. Il est donc nécessaire de développer la recherche scientifique dans tous les domaines y compris ceux qui n'apparaissent pas directement liés aux enjeux de la préservation de notre planète.

Jean-François Minster

Les résultats de la science doivent être utilisés bien au-delà de leur champ initial. Il s'agit de savoir quelles technologies auront le plus d'effet dans un monde contraint économiquement et dans des durées raisonnables.

Question — La question de la sobriété énergétique n'a pas été abordée dans les interventions alors qu'il sera indispensable de partager l'énergie. Il est bien sûr tout à fait logique de dire que les personnes qui ont très peu d'énergie peuvent prétendre à en consommer un peu plus. Certaines pratiques et consommation sont cependant complètement déraisonnables par rapport aux gisements restant. Les limites de ces gisements amènent finalement un question existentielle dans nos sociétés d'entrepreneurs : faut-il continuer à se développer ?

Jacques Delors

Les politiques l'ont bien compris, mais ils ont deux contraintes : la globalisation, qui fait que les pays moins développés aspirent à un niveau égal au nôtre, et les conséquences macroéconomiques et sociales des changements nécessaires. Avec André Gorz, Illich était à la recherche d'un système qui permette de ne pas aller à la finitude du monde. Le problème est celui de la transition, pour lequel il faut réfléchir sur 20 ans et non sur 4 ou 5. Je regrette pour cela la disparition du Commissariat général au Plan.

Jean-François Minster

Je n'ai aucun problème de fond concernant la sobriété énergétique mais je voudrais insister sur le temps nécessaire au changement, car la transition ne peut se faire sans prendre en compte les impacts du changement sur l'emploi notamment, ni sans éducation. La lutte contre le gaspillage énergétique était une thématique très présente dans les écoles lors du premier choc pétrolier, il est dommage que l'on n'ait pas poursuivi ces politiques d'éducation.

Conclusion

Quelle peut être notre réponse à la question initiale : comment l'humain s'adaptera-t-il aux auto-agressions qu'il s'inflige par les dégradations de son environnement et de ses modes de vie ? Possède-t-il les ressources génétiques et physiologiques pour faire face à ces changements dans des délais réduits ? Le temps est aujourd'hui compté et il faut cesser de croire que la technologie nous permettra de résoudre les problèmes à mesure que nous allons les découvrir. On sait aussi qu'il faut du temps pour répondre à ces questions et être force de proposition.

Nous avons débuté avec la question des limites de capacité. Nous nous approchons des asymptotes, et ce, dans toutes les disciplines et toutes les situations. Nous avons insisté sur l'interaction de la génétique et de l'environnement et exploré le champ très intéressant de l'épigénétique. L'évolution culturelle nous a aussi montré qu'elle n'était pas la fin de l'évolution biologique, mais qu'elle jouait aussi un puissant rôle.

Nous avons exploré les différents aspects de l'évolution et de l'adaptation, qui correspondent bien à deux des quatre mots-clés des recherches actuelles : biodiversité, adaptation, évolution et impacts du changement global. Guillaume Lecointre avait proposé il y a quelques années une approche de l'adaptation par la comparaison, vers laquelle nous revenons aujourd'hui. Il existe à ce jour deux millions d'espèces déposées dans les musées, il serait dommage de limiter les études à une infime fraction d'entre elles. La réflexion a ensuite porté sur les questions de variabilité, sur les conflits génome-environnement en médecine contemporaine, sur les mécanismes d'adaptation.

L'environnement a été traité par cinq approches différentes. Le premier thème abordé a été celui du climat, dont le changement est avéré et vis à vis duquel il faut être de bien mauvaise foi pour n'imaginer aucun rôle de l'humain et de son cortège d'activités dans ces altérations ! Celles-ci exigeront une réelle adaptation de notre part à défaut d'une acclimatation probablement insuffisante. Les systèmes agricoles pourraient sans doute nous permettre de nourrir 9 milliards d'êtres humains, à condition de se poser les questions des conditions de culture, de partage des ressources et de la gestion de l'eau autant que des sols. Enfin la question de la biodiversité, marine et continentale, fait aussi apparaître le problème de son érosion, avec le cas typique des pêcheries maritimes. Toutes ces crises simultanées posent à nouveau la question du temps dont nous bénéficierons pour réagir plus efficacement.

La réflexion autour de l'humain et de son évolution, montre au-delà des temps historiques que le vieillissement pose désormais de nouveaux termes et de nouvelles contraintes adaptatives, avec l'accroissement des maladies dégénératives. L'approche démographique éclaire elle aussi une dimension à ne pas oublier.

Nous avons abordé les questions d'énergies, dont nous comprenons qu'une partie des problèmes rencontrés aujourd'hui est liée à nos modes d'utilisation des énergies fossiles, il serait donc temps de travailler sur autre chose. Or nos connaissances sur le soleil, principal source énergétique de cette planète, restent très frustres. Les champs de recherche sont immenses et la science peut désormais se positionner et assumer un discours politique, sans attitude partisane. L'interaction entre mathématiciens, physiciens, biologistes, médecins et écologues, peut se révéler fructueuse et doit être encouragée !

L'économie de la biodiversité a enfin été au cœur des débats. On ne peut plus admettre aujourd'hui que certaines espèces comme le thon rouge ne valent que l'argent que nous sommes prêts à dépenser pour les capturer. Il s'agit de réconcilier écologie et économie.

L'enjeu est grand pour que les opinions publiques et les politiques prennent conscience non seulement de l'acuité du sujet mais de l'urgence à décider de mesures efficaces. Les aspects liés à la formation sont essentiels et l'enseignement, surtout auprès des jeunes, déterminant : il faudra informer objectivement sans pour autant désespérer. Un changement radical de notre mode de vie est indispensable ; le système actuel, avec des ressources aussi mal gérées et mal partagées ne peut qu'amener au gaspillage et au chaos social. La destruction et la pollution, la déforestation, la surpêche, les disséminations anarchiques d'espèces, la concentration des biens entre les mains de quelques-uns, rejetant les autres sur des terres marginales aux droits d'usage précaires doivent cesser : pauvreté, pertes de biodiversité, intensité des impacts climatiques et développement durable sont en relation étroite. Comment continuer dans un monde où 20 % des humains contrôlent 80 % des ressources ?

L'une des actions fondamentales correspond à la mise en place d'une gouvernance efficace pour ces aspects, nombreux, qui dépassent les frontières. Quel cadre politique local, régional, national ou mondial instaurer ? La Conférence et l'Appel de Paris de février 2007 vont dans ce sens : à nous d'animer ces Nations unies pour la protection de l'environnement. La récente Conférence française pour la biodiversité à Chamonix en mai 2010 avait pour titre *Quelle gouvernance pour réussir ensemble ?* [9]. Après la décision de Busan en juin 2010, suivie de celle de New York en décembre, à nous de mettre en place, pour la biodiversité, l'IPBES (*Intergovernmental science-policy Platform on Biodiversity and Ecosystem Services*), équivalent de l'IPCC (*Intergovernmental Panel on Climate Change*, Groupe international pour l'étude du climat en français*).

Le problème est de substituer au mode de penser actuel une approche intégrée qui soit capable de générer à partir d'actions locales une durabilité à l'échelle de la planète [12]. Il apparaît clairement aujourd'hui que tout projet de développement ou de réalisation technique, comme de toute activité humaine, doit intégrer la question de la biodiversité en plus des autres impacts prévisibles sur l'environnement. La croyance de la survie exclusive de l'humanité en métropoles et méga-cités sans nature est une erreur : la nature humaine est plus vaste que les limites artificielles de nos cultures actuelles. Les racines spirituelles d'*Homo sapiens* sont très profondément ancrées dans le monde naturel par le biais de canaux, encore bien peu connus, de son développement mental [15]. Nous ne pourrons pas vivre dans des conditions environnementales toxiques, générées par les activités humaines, nous ne pourrons pas vivre sans milieu « biodivers » autour de nous et en nous. De très récents travaux médicaux le montrent : même en milieux urbains, la vie dans un environnement vert et peu dégradé réduit considérablement les inégalités sociales de santé [10]. Or depuis 2007, les humains sont toujours plus nombreux à vivre en ville, et ceci ne fera qu'augmenter.

Comment gérer au mieux cet « anthropocène » dans lequel nous sommes entrés [8] ? Comment faire face à ce monde qui chauffe, où la plus puissante force évolutive est désormais l'humain lui-même [11] alors que nous semblons nous acheminer vers la sixième grande extinction [4]. Pour notre bien et sans doute notre survie, le capital naturel ne peut être indéfiniment appauvri [1, 14] : nous ne pouvons nous passer des services rendus par les écosystèmes [13].

Ne rien faire coûtera très cher [7]. Il faut cesser de croire que développement économique et plein emploi d'une part, harmonie et écologie de l'autre, sont en opposition [2, 3, 5, 6]. En matière de protection de l'environnement, de sauvegarde des espèces et de gestion raisonnée des ressources, il faut enfin établir un véritable droit de la nature ; un droit dans lequel toute destruction des milieux naturels serait interdite face à un système de compétitions internationales et de surexploitation exacerbées. Cette éthique doit nous amener à respecter la diversité du vivant et à aimer cette Nature dans laquelle nous sommes totalement immergés.

Une prise de conscience généralisée est en cours mais adapterons-nous nos habitudes aussi rapidement que nous changeons l'environnement autour de nous ? Saurons-nous durant ce XXIe siècle pleinement mériter le terme de sapiens dont nous nous sommes attitrés [6] ? Rien n'est moins sûr mais nous ne pouvons plus attendre.

Nous avons écouté des personnes et interrogé des domaines qui ne se croisent que très rarement. Le lieu était lui aussi symbolique. À nous de transformer l'essai.

Après le constat parfois anxieux, la sidération ou l'utopie, vient le temps de l'action. Retenons deux idées fortes : celle des « couloirs de viabilité » proposée par Bernard Chevassus-au-Louis, renonçant au principe de maximisation mais définissant les conditions dans lesquelles il serait possible de poursuivre la route ; et celle de l'indispensable éducation citoyenne que nous rappelle Jacques Delors.

À la suite de ces échanges, un collectif, « indiscipliné », réunissant les angles de vue les plus divers devrait également permettre de poursuivre la réflexion. Ses objectifs viseront à surveiller nos capteurs les plus pertinents, à définir les principaux critères d'adaptation, à proposer de nouveaux axes prospectifs et, peut-être, à convaincre nos décideurs.

Il conviendra enfin de maintenir l'alerte et d'observer attentivement les signaux révélateurs, tant les affaissements de clefs de voûte pourraient bientôt se révéler nombreux.

RÉFÉRENCES BIBLIOGRAPHIQUES

(1) Aronson J. *et al.*, 2010. The road to sustainability must bridge three great divides. Annals of the New York Academy of Science. Special Issue *Ecological Economics Review*, 1185 : 225-236.

(2) Barbault R., 2006. *Un éléphant dans un jeu de quilles. L'homme dans la biodiversité*. Seuil, coll. Science ouverte.

(3) Barbault R., Weber J., 2010. *La vie, quelle entreprise !* Seuil, coll. Science ouverte.

(4) Barnosky, A.D. *et al.*, 2011. Has the Earth's 6th mass extinction already arrived ? *Nature*, 471 : 51-57.

(5) Boeuf G., 2008. Quel avenir pour la Biodiversité ? In : *Un monde meilleur pour tous, projet réaliste ou rêve insensé ?*, sous la direction de J.P. Changeux et J. Reisse. Collège de France, Odile Jacob, p. 47-98.

(6) Boeuf G., 2010. Quelle Terre allons-nous laisser à nos enfants ? In : *Aux origines de l'environnement*, sous la direction de P.Y. Gouyon, H. Leriche, p. 432-445. Fayard.

(7) Chevassus-au-Louis B, Salles J.M., Pujol J.L., 2009. Approche économique de la biodiversité et des services liés aux écosystèmes. Rapport Centre d'analyse stratégique 2009.

(8) Crutzen P.J., Stoermer E.F., 2000. The "Anthropecene". *Global Change Newsletter*, 41 : 12-13.

(9) MEEDDM., 2010. *Quelle gouvernance pour réussir ensemble ?* Conférence française pour la biodiversité, 2010.

(10) Mitchell R., Popham F., 2008. Effect of exposure to natural environment on health inequalities : an observational population study. *The Lancet*, 372 : 1655-1660.

(11) Palumbi S.R., 2001. Humans as the world's greatest evolutionary force. *Science*, 293 : 1786-1790.

(12) Raven P.H. Science, sustainability and the human prospect. *Science*, 297 : 954-958.

(13) Rey Benayas J.M., Newton A.C., Diaz A., Bullock J.M., 2009. Enhancement of biodiversity and ecosystem services by ecological restoration: a meta-analysis. *Science*, 235 : 1121-1124.

(14) Walther G.R. *et al.*, 2009. Alien species in a warmer world: risks and opportunities. *Trends in Ecology and Evolution*, 24 : 686-693.

(15) Wilson E.O., 2007. *Sauvons la biodiversité*. Dunod.

FIGURES ET SCHÉMAS COMPLÉMENTAIRES

LES ESPACES ET LE TEMPS DE L'ADAPTATION GÉNÉTIQUE
Lluis Quintana-Murci

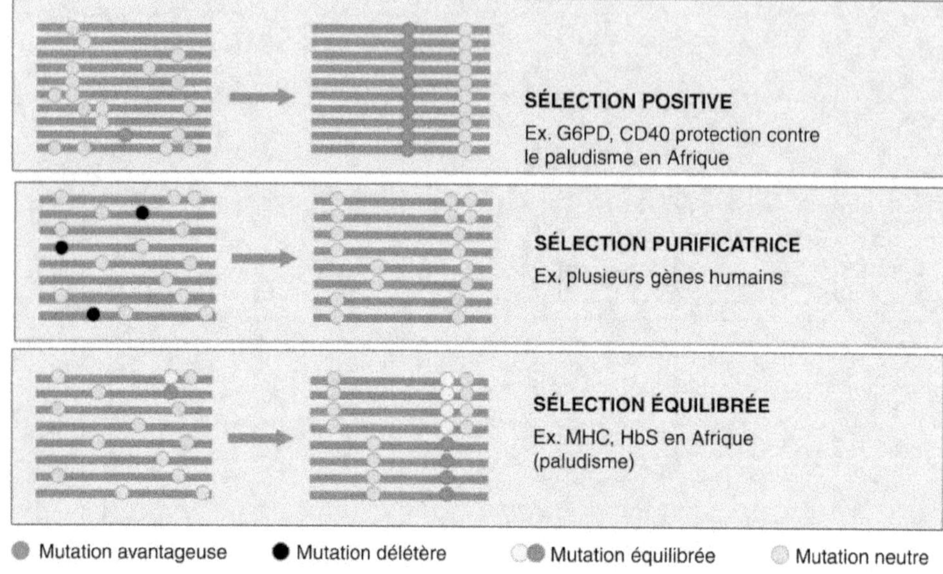

Figure 10. Différents types de sélection naturelle.
La sélection positive, dite aussi darwinienne ou directionnelle, porte sur des mutations récentes avantageuses (points rouges). Quand une mutation avantageuse devient plus fréquente dans une population, elle peut entraîner avec elle des variations neutres, c'est ce que l'on appelle l'auto-stop génétique (points bleus). La sélection purificatrice, dite aussi négative, porte sur des mutations délétères qui sont progressivement supprimées (points noirs). La sélection équilibrée favorise le maintien de la diversité dans une population. Elle peut être due au fait que certains individus hétérozygotes à un locus particulier ont une *fitness* plus élevée que les homozygotes.
D'après Nielsen R., Hellmann I., Hubisz M. *et al.*, 2007. Recent and ongoing selection in the human genome. *Nat. Rev. Genet.*, 8 : 857-868.

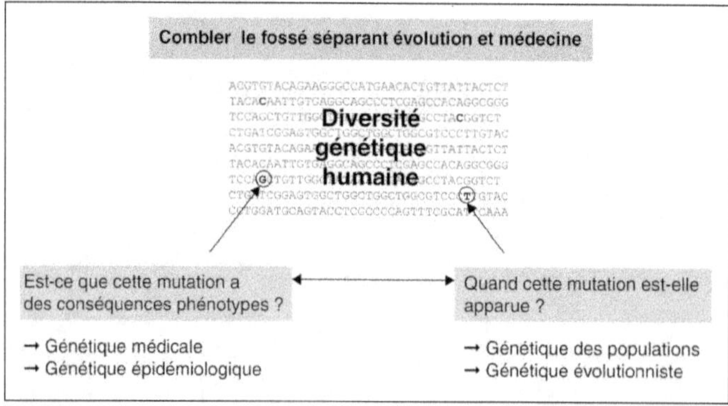

Figure 11. Combler le fossé séparant évolution et médecine.
Il semblerait qu'une sélection positive passée, développée pour lutter contre l'infection accrue, pourrait exacerbé les mécanismes de réponses immunitaires aujourd'hui à la base du développement de maladies inflammatoires ou auto-immunes.

LES ESPACES ET LE TEMPS DE L'ADAPTATION GÉNÉTIQUE (SUITE)
Lluis Quintana-Murci

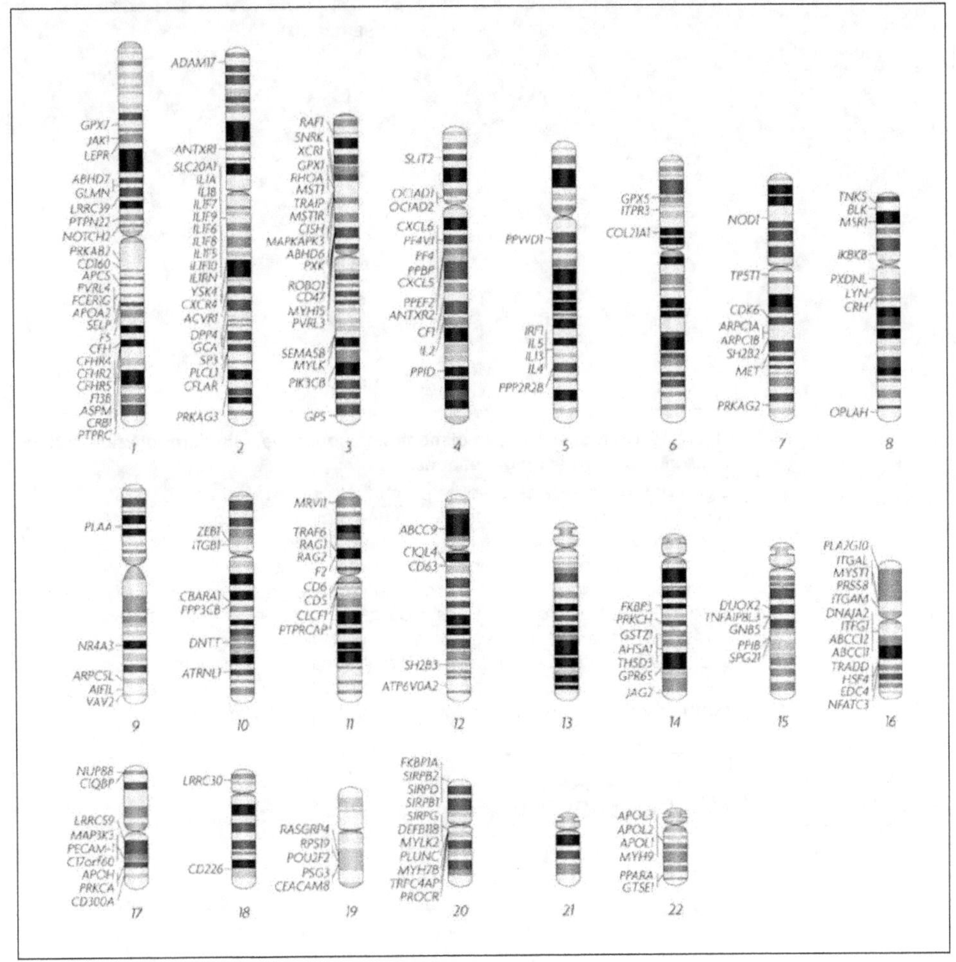

Figure 12. Approches génomiques globales (*GWA*).

Les gènes du système immunitaire sont surreprésentés lorsque l'on restreint les analyses aux évènements sélectifs les plus récents (< 30 000 années). Les chiffres indiquent le numéro du chromosome.
Source : Barreiro L.B., Quintana-Murci L., 2010. From evolutionary genetics to human immunology : how selection shapes host defence genes. *Nat. Rev. Genet.*, 11 : 17-30. © *Nature Reviews Genetics*.

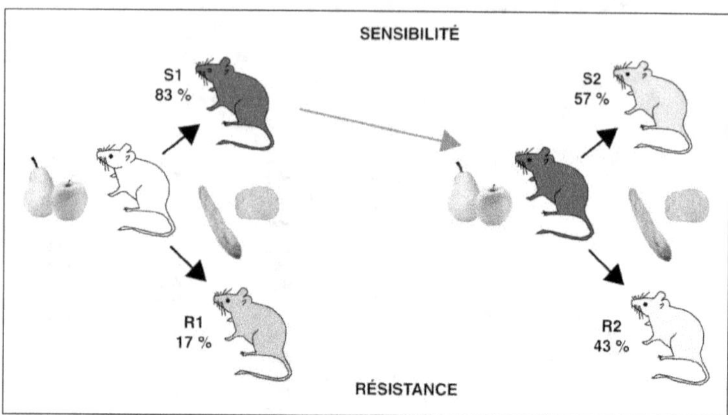

Figure 16. Correction par une alimentation équilibrée, signatures physiologiques, transcriptomiques et épigénétiques.

La caractéristique de réversibilité permet de concevoir la possibilité d'atténuer, voire d'effacer, les effets d'une malprogrammation épigénétique liée à un régime obésogène, par une alimentation saine et équilibrée pendant la gestation d'une femelle obèse et diabétique. Les souris étant génétiquement identiques et placées sous le même régime hypergras, 17 % des souris résistent à ce régime et ne grossissent pas, alors qu'à la deuxième génération 43 % des souris résistent et uniquement les femelles.
D'après Attig, Vigé, Gallou-Kabani, *et al.* (Submitted). *Dietary alleviation of malprogramming across generations : metabolic, transcriptional, and epigenetic signatures of increased resistance to an obesogenic diet in mice.*

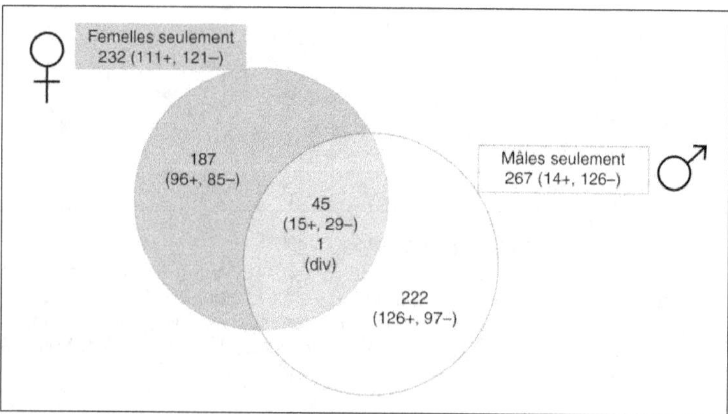

**Figure 17. Dimorphisme sexuel en réponse au régime hypergras.
Le sexe dicte la réponse au régime.**

En fonction de la dose, du moment, des conséquences potentielles des marques et de leur évolution au cours du temps, les signatures transcriptomiques et épigénétiques et les phénotypes seront différents selon que la progéniture est mâle ou femelle. Le dimorphisme sexuel joue indéniablement un rôle beaucoup plus important qu'on ne le pensait, avec des trajectoires de réponse qualitativement et quantitativement différentes d'un sexe à l'autre.

CHANGEMENT CLIMATIQUE, QUE PEUT-ON PRÉVOIR ?
Hervé Le Treut

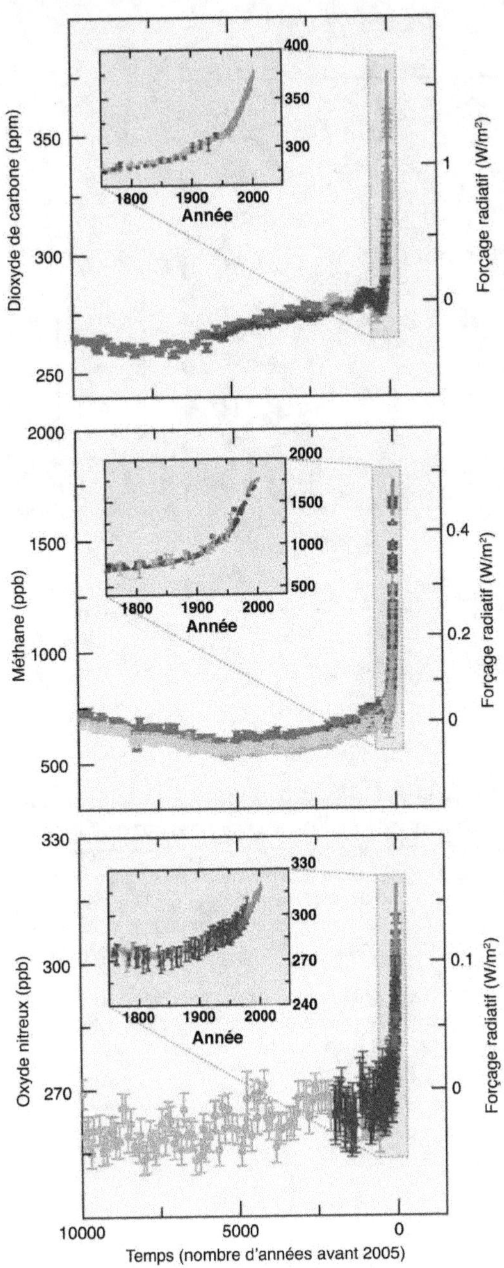

Figure 31. L'évolution de la concentration dans l'air de trois gaz à effet de serre au cours des derniers 10 000 ans.

Ce diagramme rend compte des évolutions de trois gaz à effet de serre dans l'atmosphère, le dioxyde de carbone (CO_2), le méthane et le protoxyde d'azote sur une période de 10 000 ans. Il met en évidence une très grande stabilité environnementale sur l'ensemble de cette période, qui correspond au très long âge interglaciaire dans lequel se sont développées nos civilisations. L'affirmation que le climat « a toujours changé », souvent mise en avant pour relativiser l'impact des activités humaines, n'est pas évidente...
Source : GIEC, 2007. Bilan 2007 des changements climatiques. Contribution des groupes de travail I, II et III au quatrième rapport d'évaluation du groupe d'experts intergouvernemental sur l'évolution du climat (Équipe de redaction principale, Pachauri R.K. et Reisinger A. (publié sous la dir. de ~)). GIEC, Genève, Suisse, ..., 103 p.

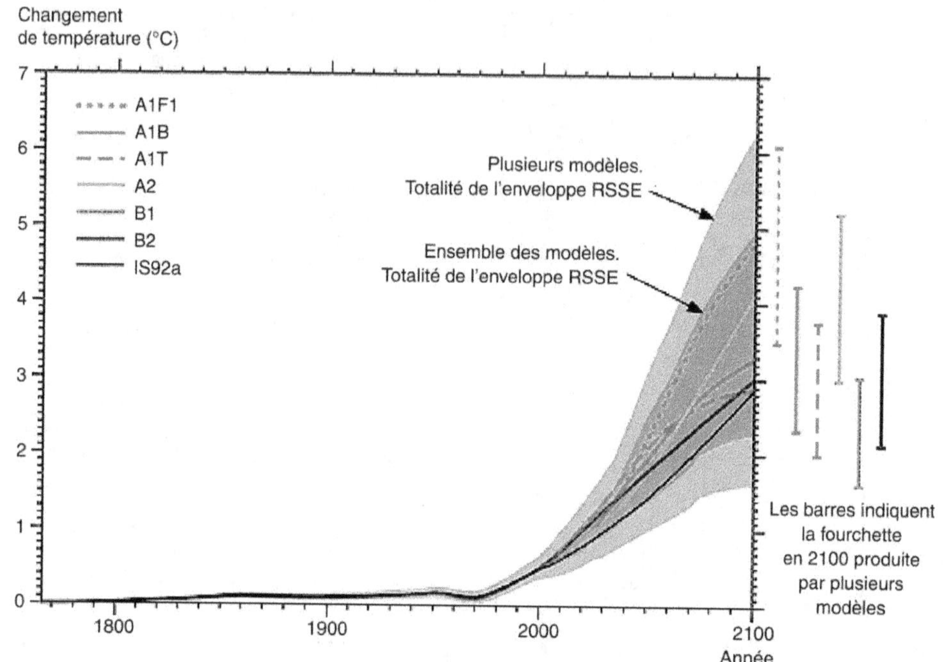

Figure 33. Estimation du réchauffement de la planète.
Le troisième rapport du GIEC, en 2001, a permis d'estimer le réchauffement de la planète (ici, de manière résumée, le réchauffement moyen en surface) pour différents scénarios d'émissions des gaz à effet de serre. Ces ordres de grandeurs ont été confirmés par les modèles du rapport 2007. Le diagramme montre un réchauffement qui, en l'absence de politiques dédiées, peut aller en 2100 d'un peu moins de 2 à un peu plus de 6 degrés Celsius – cette large fourchette cumulant (chacune pour moitié environ) deux formes d'incertitudes très différentes : celle liée à la formulation des modèles physiques et celle liée aux différents scénarios d'émissions (traduisant des facteurs démographiques, économiques, politiques). (RSSE = Rapport spécial du Giec sur les scénarios d'émissions).
Source : GIEC, 2007. Bilan 2007 des changements climatiques. Contribution des groupes de travail I, II et III au quatrième rapport d'évaluation du groupe d'experts intergouvernemental sur l'évolution du climat (Équipe de redaction principale, Pachauri R.K. et Reisinger A. (publié sous la direction de ~)). GIEC, Genève, Suisse, ..., 103 p.

SYSTÈMES AGRICOLES, LES RISQUES DE L'OPTIMALITÉ
Bernard Chevassus-au-Louis

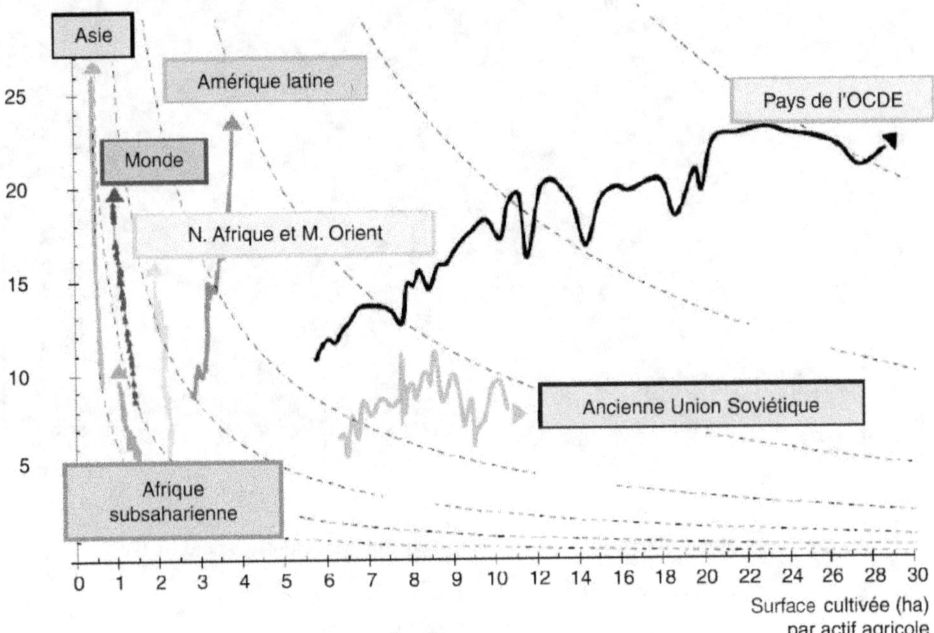

**Figure 36. Évolution du rendement des productions végétales
et de la productivité du travail de 1961 à 2003.**

La production de calories alimentaires par hectare a augmenté significativement, en particulier
en Asie, alors que la progression de l'Afrique dans ce domaine reste moindre. Les pays de l'OCDE
ont vu augmenter la taille des surfaces cultivées par agriculteur, alors que le reste du monde a suivi
la tendance inverse. Ceci parce que la mécanisation est restée essentiellement le fait de l'OCDE, avec
une exception en Amérique latine et dans l'ancien bloc soviétique. Le recours aux engrais constitue
un autre élément d'intensification. Les pays d'Europe de l'Ouest sont devenus dès les années 1960
d'importants consommateurs d'engrais alors que la révolution verte23 asiatique a eu lieu quelques
années plus tard. L'Afrique n'a, quant à elle, pratiquement pas eu accès à ce facteur d'intensification.
D'après Dorin B., Paillard S., Treyer S. (éds.), 2010. Agrimonde. Scénarios et défis pour nourrir le monde
en 2050. Éditions Quæ.

UNE MER SANS POISSONS ? VERS DES PÊCHES LENTES
Philippe Cury

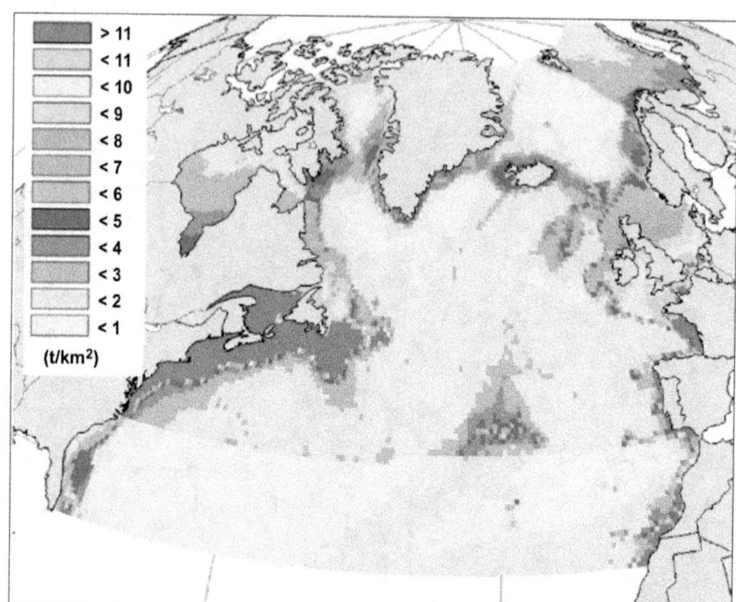

Figure 42. Présence de poissons dans l'océan Atlantique nord en 1900.

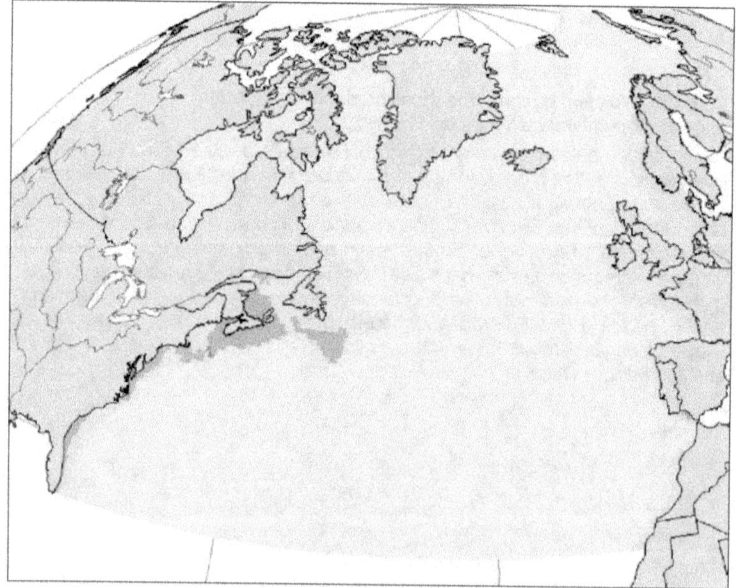

Figure 43. Présence de poissons dans l'océan Atlantique nord en 2000.

D'après Christensen V., Guénette S., Heymans J.J., *et al.*, 2003. Hundred,-year decline of North Atlantic predatory fisches. Fish and Fisheries, Fish and Fisheries, mars 2003, 4 (1) : 1–24.

L'ÉNERGIE SOLAIRE ET SES CYCLES
Sylvaine Turck-Chieze

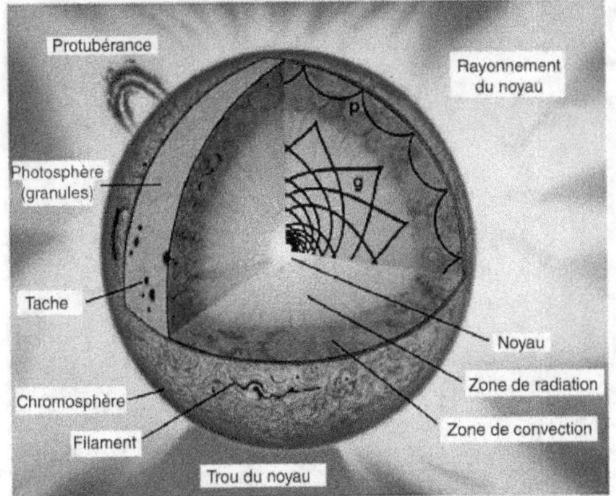

Figure 53. Représentation du soleil interne
Source : Esa-Nasa.

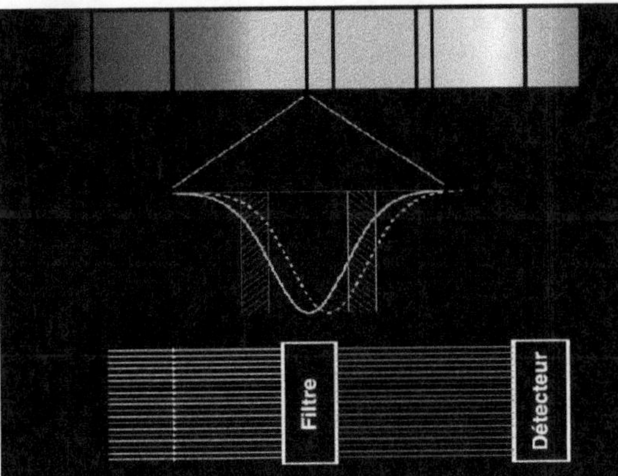

Figures 54 et 55. Les oscillations du soleil.

La première photo illustre une des techniques utilisées pour détecter les modes d'oscillations solaires : mesurer la variation temporelle du décalage en longueur d'onde de certains éléments tels le sodium ou le nickel, visibles à la surface du soleil (mesure de la vitesse Doppler de déplacement des couches superficielles du soleil par rapport au détecteur). Source : Esa-Nasa.

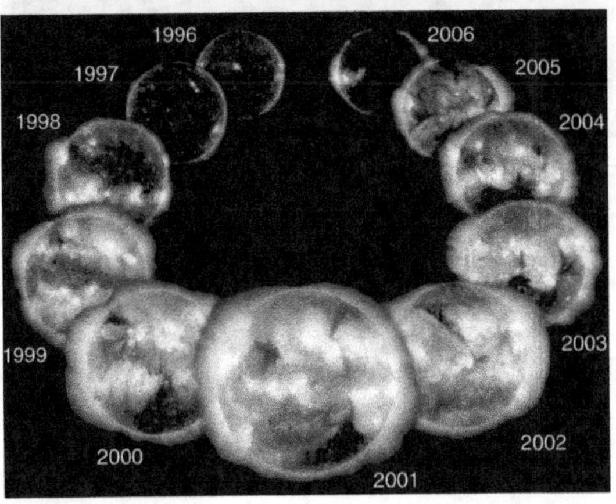

La deuxième photo montre l'évolution du soleil à 235 nm au cours du cycle de onze ans vue par Soho. Source : Esa-Nasa.

L'ÉNERGIE SOLAIRE ET SES CYCLES (SUITE)
Sylvaine Turck-Chieze

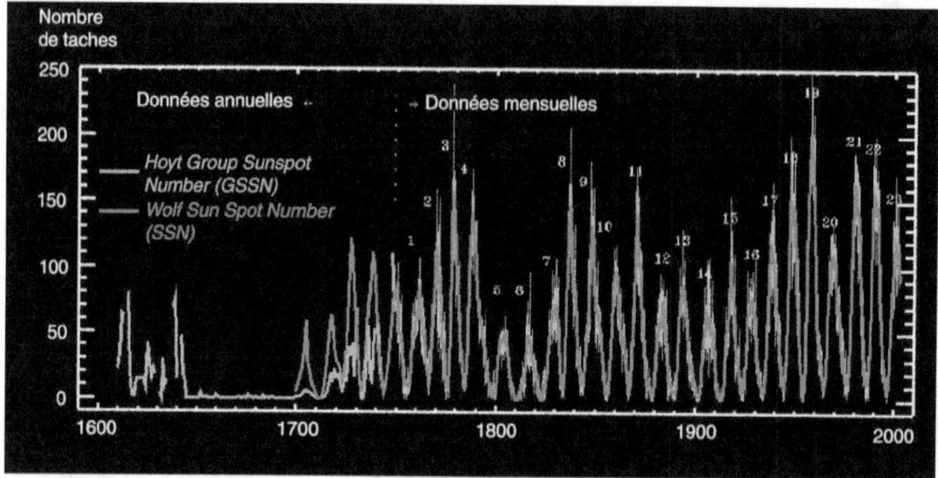

Figure 56. Évolution du nombre de tâches solaires depuis les premières mesures vers 1600.

La variabilité des cycles de onze ans est très visible. La période dite du minimum de Maunder entre 1650 et 1700, très froid en Europe du Nord a été caractérisée par une absence quasi totale de taches à la surface du soleil. Source : Esa-Nasa.

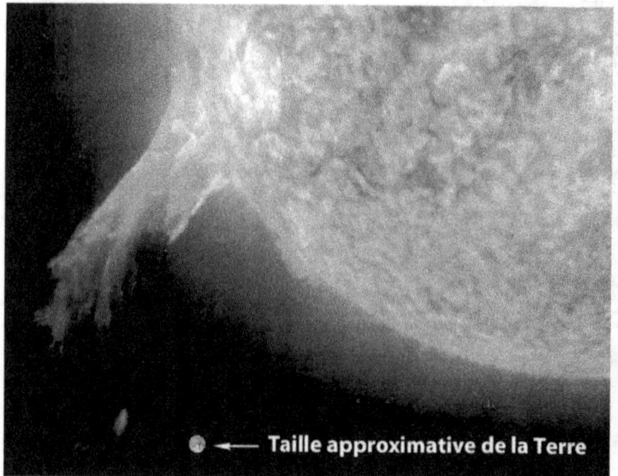

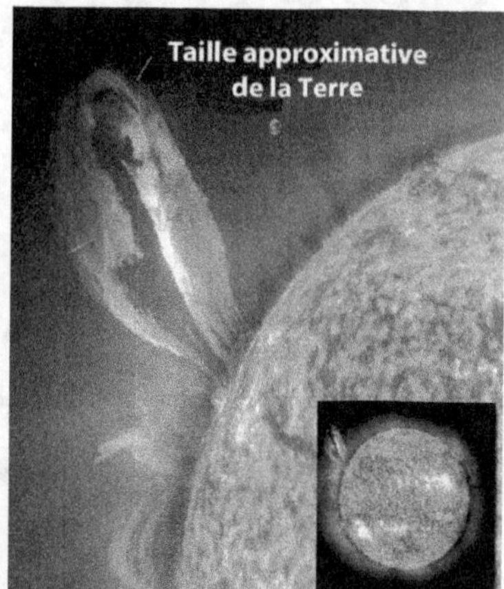

Figure 57 et 58. Phénomènes d'éjection de matière au niveau de la couronne solaire.

Une fois que la matière n'est plus liée magnétiquement au soleil, elle se disperse dans le milieu interstellaire. Ces phénomènes ne sont dangereux pour nous que s'ils sont émis en direction de la Terre et avec une très forte intensité. Aujourd'hui ils sont suivis en permanence. Source : Esa-Nasa.

L'ÉNERGIE SOLAIRE ET SES CYCLES (SUITE)
Sylvaine Turck-Chieze

Différentes perspectives pour la production d'énergie à grandes échelles.

Figure 59. Le four solaire d'Odeillo (France) ou le projet de fusion magnétique avec Iter et Demo.
Source : CNRS, www.promes.cnrs.fr.

Figure 60. Le projet Iter.
Source : ITER, www.iter.org.

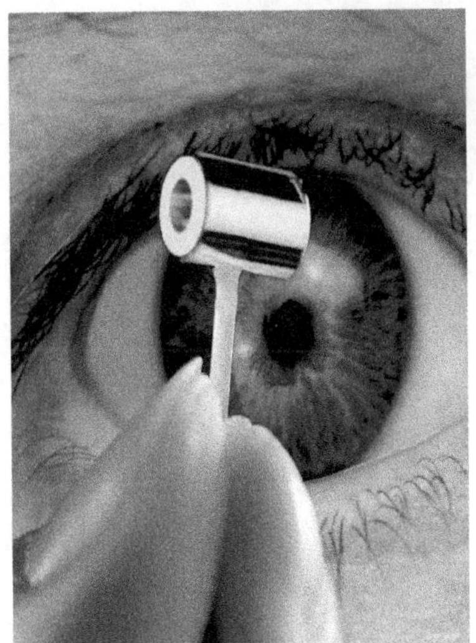

Figure 61. Le projet de fusion inertielle avec le LMJ (Laser mégajoule) à Bordeaux ou le NIF aux États-Unis.
Source : CEA, www-lmj.cea.fr.

CRÉDITS PHOTOGRAPHIQUES
p. 15, 79, 137 : vie, paysage, attente, peintures à l'huile sur toile
Première de couverture : évolution 1, peinture à huile sur toile
© Stéphane Clouet, peintre céramiste, Senlisse (France),
www.stephaneclouet.com

Édition
Éditions Quæ

Maquette et mise en page
Acis & Galaté

Imprimé pour vous par Books on Demand (Allemagne)

www.ingramcontent.com/pod-product-compliance
Lightning Source LLC
LaVergne TN
LVHW020946200726
843508LV00004B/1375